Natürliche Farben

In Regenwasser aufgelöste Erdpigmente wurden in der Steiermark zu einem Wandgemälde auf Lehmputz verarbeitet.

Gerd Ziesemann Martin Krampfer Heinz Knieriemen

Natürliche Farben

Anstriche und Verputze selber herstellen

Unter Mitarbeit von Sabine Szameitat
und Carlo Vagnières

AT Verlag

Fotografien von Auro Farben,
Margaret Courtney-Clarke, Walter Hess,
Lieni Hofmann, Helen und Heinz Knieriemen,
Martin Krampfer, Roland Meingast,
Carlo Vagnières, WWF Schweiz, Gerd Ziesemann.
Zeichnungen von Sonja Burger.

3. Auflage 1998

Satz und Lithos: AZ Grafische Betriebe AG, Aarau
Druck und Bindearbeiten: Neue Stalling GmbH, Oldenburg
Printed in Germany

ISBN 3-85502-523-1

Inhalt

Leben mit den Farben der Natur

Farben und Anstriche selber machen ist leicht gesagt, doch ist es auch ebenso leicht getan? Irgend etwas Buntes mit einem Kleber zu mischen wird jedem gelingen. Die Masse auch streichfähig zu machen ist schon schwerer. Ausserdem stehen wir vor zahllosen unterschiedlichen Untergründen, und der Anstrich soll später weder abfärben noch abblättern. Man ging lange Zeit den Weg des geringsten Widerstands und hat sich an endlose Baumarktregale gewöhnt – und an Verkäufer, die einem auf Nachfrage den Inhalt der Farbeimer- und Dosenetiketten vorlesen. Auch die Maler überreichen einem meist nur ein technisches Merkblatt der Farbenhersteller, und selbst viele Architekten behandeln das Thema Farbe, nach unseren Erfahrungen, oft ziemlich nachrangig. Es ist schwer, Informationen darüber zu erhalten, was auf unseren Baustellen verarbeitet wird. Und man muss viel Glück haben, um einen Maler zu finden, der einem auch noch erklärt,

Farbe ist allgegenwärtig:
Hier ist der eisenoxidhaltige
Lehm für das schöne Rost-
rot verantwortlich.

warum er sich für ein bestimmtes Produkt entschieden hat.

Das Vertrauen in die industrielle Farbenherstellung scheint sehr gross zu sein. Wir fragen uns allerdings, worauf das beruht. Die chemische Industrie ist im wesentlichen ein Kind der Farbenherstellung. All die hochgelobten technischen Neuerungen waren stets von einer grossen Zahl von Unfällen begleitet. Die Blaufärbung des Rheins mit ihren ökologischen Folgen war dabei nur eines der spektakulärsten Szenarien. Bei einem Brand im Basler Chemiewerk Sandoz waren Eisencyanverbindungen aus der Berliner-Blau-Produktion mit dem Löschwasser in den Fluss gelangt. Aber was ist mit der schleichenden Belastung unserer Umwelt und Gesundheit durch regelmässig eingesetzte Inhaltsstoffe von Anstrichmitteln? Eine Kennzeichnungspflicht für Farben gibt es bei uns nicht, und bereits kleine Schritte in die richtige Richtung werden mit bunten Umweltemblemen belohnt. Dass der Verbraucher trotzdem an letzter Stelle steht, ist keine unbegründete Vermutung; Vorfälle wie der Xylamonskandal sind alles andere als vertrauensbildende Massnahmen. Auch aus bauphysikalischer Sicht gibt es manche Kritik am Angebot der heutigen Massenfarben, dazu später mehr. Ein gewisses Misstrauen gegen konventionelle Farben und eine gewisse Neugier auf unser Thema sind wohl berechtigt.

Mit dem Allgemeinwissen über die Farbenherstellung und den Kenntnissen über das Malerhandwerk ist es im allgemeinen nicht weit her. Der Durchschnittsmaler ist von seiner Arbeit und seinen Werkstoffen in hohem Masse entfremdet. Er kann daher auch die wichtige Beratung seiner Kunden nicht mehr ausüben. Dabei ist es noch nicht lange her, dass man in der Drogerie bunte Erden und losen Leinölfirnis kaufen konnte und die Kinder oft beim Anrühren der Farben helfen durften – doch das scheint alles vergessen zu sein. Wie kann nun der Wiedereinstieg erfolgen? Es gibt eine ganze Reihe von wichtigen Aspekten im Zusammenhang mit Baumalerfarben, und wir halten es für unerlässlich, diese zunächst einmal in Erinnerung zu rufen und etwas zu ordnen. Danach ist es dann nur noch ein kleiner Schritt bis zur Tat.

Der Farbenhersteller benötigt zunächst einiges Grundwissen über den physikalischen Aufbau von Anstrichmittelsystemen; das klingt grossartig, für einige vielleicht sogar abschreckend. Es heisst jedoch beispielsweise nur, zu wissen, dass Bier trocknet und klebt. Damit ist das Wesen eines Bindemittels auch schon erfasst. Zur Herstellung einer traditionellen Aquarellfarbe könnte man sich Kirschgummi aus dem Garten holen, denn die «Tränen» des Kirschbaumes sind wasserlöslich und geben ein gutes Bindemittel ab. Um bunte Farben zu erlangen, brauchen wir Pigmente, das heisst nichts anderes als farbige Bestandteile, ganz banal ausgedrückt bunte Krümel. Jahrhundertelang haben bunte Erden, Farbharze und andere natürliche Farbstoffe hervorragende Dienste geleistet. Wenn wir das Ganze in Wasser verflüssigen, haben wir auch schon ein Lösungsmittel im Spiel, und damit drei ganz zentrale Begriffe der Farbenherstellung genannt. Ganz so einfach wird es natürlich nicht bleiben.

Um konsequente Naturfarben mit hoher Gebrauchssicherheit herzustellen, benötigen wir Kenntnisse über die eingesetzten Rohstoffe. Nicht alle Naturstoffe sind ungiftig, nicht alle Synthese produkte sind problematisch, und der Übergang von einem Naturstoff zu einem Kunststoff ist oft nicht eindeutig definiert. Ein wenig muss man sich also auch mit den Verfahren der Aufbereitung von Naturstoffen beschäftigen. Vulkanische Erden, giftige Mineralien, das Brennen von Kalk oder die Gewinnung tropischer Harze und Wachse – das sind überaus spannende Themen. Besonders wenn man das Augenmerk auf die Geschichte der Farbenherstellung lenkt, wenn Traditionen und Erfahrungen von Generationen sichtbar werden.

Das Grundwissen um die Wirkungsmechanismen von Lösung, Verbindung und Trocknung der Anstrichmittel wird mit den Kenntnissen um die Farbenrohstoffe zusammengebracht, und die eigene Herstellung kann beginnen. Keine Angst, es geht gerade nicht um wissenschaftliche und komplizierte hochtechnische Zusammenhänge, sondern um den ganzheitlichen Ansatz im Naturfarbenbereich. Vom Zusammenrühren in der eigenen Küche über den Einsatz auf der Baustelle bis hin zur professionellen Farbenherstellung gibt es keine unüberwindbaren Hindernisse.

Bevor es darum gehen wird, konkret Farben oder Anstrichmittel zu beschreiben, muss allerdings noch der Aspekt der Anstrichtechnik berücksichtigt werden. Ein in sich vernünftiges, das heisst technisch funktionsfähiges und ökologisch sinnvolles Anstrichmittel ist beispielsweise immer nur so gut wie sein Untergrund. Es liegt auf der Hand, dass mit wasserlöslichen Leimfarben keine Aussenfassade und mit Rostschutzgrund kein hölzernes Kinderspielzeug gestrichen werden sollte. Unbedingt notwendig ist es also, den Zusammenhang mit der jeweiligen Anwendung herzustellen.

Es gibt gute Fachliteratur für Restauratoren, und es gibt Lehrbücher für Malermeister. In solchen Werken werden die Zusammenhänge vertieft, doch sie verlangen viel Grundlagenwissen. Hier möchten wir ein grundlegendes Interesse befriedigen und neben vielen Informationen zu den oben genannten Aspekten praktische Tips geben. Hierfür schien es uns am sinnvollsten, zunächst die wichtigsten Wand- und Deckenfarbensysteme für innen und aussen zu beschreiben. Rohstoffkunde und Verarbeitungshinweise finden sich jeweils in den einzelnen Abschnitten. Dazu gehören einige traditionelle Anwendungstechniken und natürlich die richtige Behandlung von Lehmoberflächen. Seit im ökologischen Bauen der Lehmbau wiederbelebt wurde, gibt es hier einen grossen Bedarf an adäquaten Wandfarben. Ganz zentral ist dann natürlich das Einfärben mit Pigmenten, was für die meisten Anstrichmittel nach demselben Prinzip erfolgt, nämlich dem Dispergieren. Kurz werden wir auch auf das Färben mit pflanzlichen Rohstoffen eingehen, obwohl dies unser Thema nur am Rande berührt. Ölfarben sind das zentrale Thema bei der Holzoberflächenbehandlung, wobei Holzschutz und Bauphysik eingeflochten werden. Als letztes sollen Kleber, Kitte und Spachtelmassen genannt werden, da es sich um Baumaterialien handelt, die den Farben technisch sehr nahe stehen.

Vom alten Malerhandwerk zum Selbermachen

Die Herstellung von Farben und Anstrichen begleitet die Menschheit fast schon, seit sie zum aufrechten Gang überging. Die Malereien in der Höhle von Lascaux, die vor rund 17000 Jahren entstanden, galten lange als die ältesten Farbdarstellungen der Welt. 1987 belegten allerdings Funde auf der Schwäbischen Alb, dass bereits vor 30000 Jahren mit roter, gelber und schwarzer Farbe gemalt worden ist. Das Rot war in diesem Fall Rötel, ein eisenoxidhaltiges Tonmineral, und das Gelb Limonit, eine eisenoxidärmere bunte Erde. Das Schwarz konnte nicht eindeutig analysiert werden, es soll sich aber weder um Holzkohle noch um Russ gehandelt haben.

Mineralische, pflanzliche und tierische Rohstoffe stellten schon in der Stein- und Eisenzeit die Bestandteile von Farben dar. Sie genügten auch danach jahrhundertelang zur Verschönerung von Haus und Hof. Diese Materialien dienten für prächtige Bemalungen von Kirchen und Palästen ebenso wie für die Gestaltung von Gebrauchsgegenständen. In Europa waren um 1800 mindestens dreissig Färbedrogen im Handel, von den Krapp genannten Wurzeln der Färberröte *(Rubia tinctorium)* über Gelbdorn und Färberwaid bis hin zu den exotischen Rohstoffen aus Übersee. Dazu zählten Indigo aus Indien, Rotholz aus Brasilien, Blauholz aus Mittelamerika oder tierische Erzeugnisse wie Cochenille oder Indischgelb aus dem Urin mangogefütterter Kühe. Hinzu kamen als Kolonialwaren noch eine ganze Reihe von Harzen und Ölen meist aus tropischen Regionen.

Fast alle Bauwerke wurden geweisselt, und nach dem Vorbild der vornehmeren Häuser wurde mehr und mehr gestaltet. Es entwickelten sich regional unterschiedliche Techniken, beeinflusst durch die zur Verfügung stehenden Rohstoffe und den jeweiligen Einsatzzweck. So entstand durch die Gestaltung mit Farben ein grosser Teil des eigentlichen Lokalkolorits. Bauernmalerei, Freskotechnik oder der Stallanstrich, alle kamen genau wie die Hildesheimer Michaeliskirche oder die Villa dei Misteri im alten Pompeji mit natürlichen Rohstoffen aus. Besonders hervorragende Malereien, wie die zuletzt genannten überdauerten die Jahrhunderte und sind noch heute zu bewundern.

Schon lange vor Christi Geburt stand in China die Lackierkunst in hoher Blüte. Das Wort Lack (von altindisch *laksha* = hunderttausend) bezieht sich zwar auf die grosse Zahl von Schildläusen, die für die Schellackgewinnung gebraucht wurden, doch chinesischer Lack bestand aus dem Milchsaft eines in China und Japan wachsenden Lackbaumes. Der frisch gewonnene und gereinigte Saft wurde sofort verarbeitet. Nach Erschliessung der Seewege und der Aufnahme von Handelsbeziehungen im 16. Jahrhundert wurde die 2000 Jahre alte Kunst der Chinesen auch in Europa bekannt. Der Lackbaumsaft liess sich allerdings nicht über derart weite Strecken transportieren. Doch auch einheimische Rohstoffe bewährten sich. So beschrieb beispielsweise der Mönch Rogerus von Helmershausen bereits 1100 n.Chr. Rezepturen aus Baumharzen und pflanzlichen Ölen.

Bis weit ins 19. Jahrhundert hinein stellten die lackverarbeitenden Handwerker und Künstler ihre Anstrichmittel selber her. Das Anreiben der Farben gehörte zur Ausbildung der Schüler, und jeder Meister hatte seine eigenen, zum Teil geheimen Rezepturen. Die praktische Arbeit mit der Farbe und neue Anforderungen waren der Motor der Weiterentwicklung. Erst in diesem Jahrhundert trat die industrielle Farbenherstellung an die Stelle handwerklichen Könnens. Sie war eines der ersten Kinder der beginnenden Industrialisierung und ist in unmittelbarem Zusammenhang mit Technisierung und Fortschrittsoptimismus zu sehen. Die Stahlerzeugung benötigte unter anderem riesige Mengen an Koks. Bei der Kohleentgasung fielen erhebliche Mengen an Teerölen an, die zunächst nicht gebraucht werden konnten. Nachdem der Chemiestudent William Henry Perkin 1856 bei der Suche nach einer Verwendung der Teeröle zufällig den ersten synthetischen Anilinfarbstoff aus Steinkohleteeröl, das Mauvein, entdeckt hatte, begann der Aufbau von Teerfarbenfabriken. 1868 wurde der Krappfarbstoff Alizarin, 1897 der blaue Indigofarbstoff synthetisiert. Bereits 1877 kam die Hälfte aller weltweit verbrauchten künstlichen Farbstoffe aus Deutschland, gefolgt von der Schweiz. Im Jahre 1913 wurden in der Welt insgesamt 157000 Tonnen Teerfarbstoffe produziert. Mit Farben war ein Geschäft zu machen. Der Erste Weltkrieg brachte einen grossen Einschnitt auch für die Farbenindustrie. Der einst über 80prozentige Marktanteil schrumpfte 1939 auf 29 Prozent zusammen. Die Welterzeugung betrug mittlerweile 208000 Tonnen. Heute werden jährlich allein 400000 Tonnen Lösungsmittel eingesetzt.

Noch in den vierziger und fünfziger Jahren dieses Jahrhunderts mischten viele Maler ihre Anstriche zum grossen Teil nach überlieferten Rezepturen. Es gab damals zum Beispiel Pulverleimfarben zum Selbstanrühren, und die meisten Maler waren noch darin geübt, Pigmente mit Ölen anzureiben. Als jedoch die Industrie gebrauchsfertige Farben auf den Markt brachte, gerieten Leinöl und Erdpigmente zunächst ins Abseits. Zug um Zug stiegen die Handwerker auf die neuen, bequemeren und angeblich besseren Produkte um.

Synthetische Farbstoffe und Bindemittel waren vor allem bunt und billig, ausserdem machten sie unabhängig von Auslandsmärkten und Ernteergebnissen. Kunstharze oder auch Terpentinersatz aus der petrochemischen Industrie standen scheinbar unbegrenzt und preiswert zur Verfügung. Es wurden Tausende von Rezepturen entwickelt und neue Stoffe geschaffen, so dass der Überblick für den Handwerker praktisch unmöglich wurde. Nehmen wir das Beispiel der Zweikomponenten-Lacke mit Härtersystem: Sie ergeben härtere Oberflächen als Naturfarben, aber zu welchem Preis? Gesundheitsschädliche Inhaltsstoffe lassen sich bei solchen Anstrichsystemen nicht mehr vermeiden. Ausserdem werden Plausibilität und Durchschaubarkeit solcher «Beschichtungssysteme» unmöglich. So sind beispielsweise DD-Lacke nicht die Talerfarben des Dagobert Duck, sondern ein schlichter Markenname mit chemischen Hinweisen. Desmodur und Desmophen, was sagt das dem Handwerker oder gar dem Laien, der meist etwas anderes zu tun hat, als erst Chemie zu studieren, bevor er ans Anstreichen gehen kann?

Eine Zusammenstellung von Untersuchungsdaten der berufsgenossenschaftlichen Klinik Bergmannsheil in Bochum kam zu einem besorgniserregenden Ergebnis: Von 1780 Beschäftigten, die mit Isocyanaten arbeiteten, die als Bindemittel in konventionellen Lackfarben eingesetzt werden, litten 1095 an arbeitsbedingten Atemwegserkrankungen. Bei einer grossen Zahl von Betroffenen konnten Antikörper gegen Isocyanate im Blut nachgewiesen werden. Am stärksten gefährdet waren Spritzlackierer, die in Auto-Reparaturwerkstätten unter technisch unzureichenden Schutzmassnahmen arbeiteten. Keineswegs unbedenklich sind auch Wasserlacke, die zwar mit dem «Blauen Engel» ausgezeichnet werden, aber immer noch hohe Lösungsmittelanteile enthalten. Viele Heimwerker, die Acrylate und Lösungsmittel einatmen, leiden unter Lungenfunktionsstörungen und asthmatischen Erkrankungen. Von den Berufsgenossenschaften werden daher bei der Verwendung von wasserlöslichen Acryllacken Vorsichtsmassnahmen wie gute Lüftung und Atemschutz empfohlen. Der bessere und gesündere Weg scheint jedoch ein Verzicht zugunsten von biologischen Farben.

Das Selbermachen muss nicht mit dem Schürfen der Rohstoffe beginnen. Es muss auch nicht unbedingt Hantieren mit Quirlen und Eimern bedeuten. Es geht vielmehr darum, die Zusammenhänge zu begreifen und selbstbewusst den Farben gegenüberzutreten. Auch wenn jemand anderer sie mischt – und es gibt ja viele gute Naturfarben fertig zu kaufen –, geht es darum zu verstehen, was da eigentlich passiert; die Verantwortung nicht an Unbekannte abzugeben, sondern mit Zuversicht und Freude die farbliche Gestaltung auf der eigenen Baustelle oder in der eigenen Wohnung, beim Anstrich des Kinderzimmers oder der Gartenmöbel mitzubestimmen. Folgender Kriterienkatalog soll als Überblick dabei helfen. Wer mehr wissen möchte, dem wünschen wir mit den folgenden Kapiteln viel Freude und Erfolg.

Kriterien für Naturfarben

Volldeklaration

Alle ernstzunehmenden Naturfarbenhersteller folgen dem Prinzip, die Inhaltsstoffe ihrer Produkte vollständig anzugeben. Die Angaben nicht enthaltener Stoffe (wie der schöne Spruch: «enthält keine Lösungsmittel») sind irreführend und blosse Augenwischerei. Angesichts von mehreren tausend Farbchemikalien ist es ein Hohn, einzelne als nicht vorhanden auszuweisen. Ausserdem erlaubt die gesetzliche Kennzeichnungspflicht in Deutschland, bereits dann ein Produkt als lösungsmittelfrei zu bezeichnen, wenn es weniger als 10 Prozent Lösungsmittel enthält.

In der Regel werden die Inhaltsstoffe mit ihren alltagssprachlichen Namen (zum Beispiel Borax, und nicht Natriumtetraborat) benannt und in der absteigenden Reihenfolge ihrer Mengenanteile aufgelistet. Für interessierte Kunden stehen meist ausführliche Informationsbroschüren oder technische Merkblätter zur Verfügung, deren Studium sehr interessant ist. Ein Inhaltsstoff kann durchaus unterschiedliche oder auch Mehrfachfunktionen in einer Rezeptur haben.

Ungiftigkeit

Es versteht sich eigentlich von selbst, dass nur ungiftige Rohstoffe in Anstrichmitteln zum Einsatz kommen dürfen. Dies soll nicht nur für die Anwendung gelten, sondern auch für die Gewinnung und Aufbereitung der Rohstoffe und die Entsorgung von Farbresten und Altanstrichen. Giftigkeit ist hier so definiert, dass für Mensch und Umwelt keine Gesundheitsgefährdung entstehen kann und sich das gesamte Produkt in ökologische Kreisläufe einfügt. Im Idealfall sollten normale Restmengen oder das Werkzeug-Reinigungswasser kompostierbar sein. In diesen Zusammenhang gehört auch der Verzicht auf Lösungsmittel. Dass das nicht immer vollständig möglich ist, wurde bereits deutlich, aber die Menge sollte so gering wie möglich gewählt werden. Eine Mindestanforderung ist der Einsatz natürlicher Lösungsmittel.

Ökologische Aspekte

Hierunter möchten wir einige Gesichtspunkte zusammenfassen. Erstens gelten alle genannten Kriterien auch für die Verpackung. Naturfarben sollten möglichst wenig aufwendig verpackt sein. Dies bedeutet nicht zuletzt Müllvermeidung. Die Verpackung soll nur dem Schutz der Ware dienen und nicht als aufwendiger Werbeträger. Werbung soll überhaupt nur aus guter Information und den Angaben zur Warenqualität bestehen.

Der Rohstoffeinsatz soll ökologisch optimiert sein. Das heisst, es sollte, wo dies möglich ist, auf regional verfügbare Rohstoffe zurückgegriffen werden. Allerdings sollte dabei auch der Gesichtspunkt des Landschaftsverbrauchs einfliessen. Bei Naturprodukten ist es glücklicherweise oft so, dass erneuerbare, nachwachsende Rohstoffe zum Einsatz gelangen. Trotzdem sollte immer die einfache, überschaubare Rezeptur bevorzugt werden, da hierdurch auf vielen Ebenen Energie gespart werden kann.

Dies gilt ganz besonders für das Transportgewicht, welches erheblich reduziert werden kann, wenn den Kunden und Anwendern kein Wasser ins Haus geliefert wird. Gerade im konventionellen Bereich wird hiermit noch immer viel Energie verschwendet und Geld verdient. Doch dieser Aspekt soll noch einmal ausführlicher beleuchtet werden, wenn es ums Selbermachen geht.

Gebrauchstauglichkeit

Die ökologischen Vorzüge der Naturfarben sollten nicht zu Lasten des Anstrichergebnisses gehen. Das heisst, sowohl der Heimwerker als auch der Profi müssen die Farbe gut verarbeiten können, und das Ergebnis soll eine hochwertige Oberflächenbehandlung darstellen. Oft wird postuliert, dass eine «Ökofarbe» den konventionellen Farben in nichts nachstehen darf, und dieser Maxime sind die meisten Naturfarbenhersteller lange treulich gefolgt. Grundsätzlich sind auch wir der Meinung, dass es ein Produkt von hoher Qualität sein soll, allerdings geben wir eines zu bedenken: Die aufwendige Zubereitung und auch der Einsatz vieler Schadstoffe bei konventionellen Farben dient oft nur dazu, der Bequemlichkeit der Anwender entgegenzukommen.

Die einfachsten und ökologisch konsequentesten Anstrichmittel können gleich gute, ja oft bessere Ergebnisse als konventionelle Fertigfarben bieten. Es sind allerdings oft jene Produkte, die zumindest zum Teil selber gemacht werden. Es ist nicht immer leicht, den Handwerker aus seinen Gewohnheiten zu lösen, doch unsere bisherigen Erfahrungen bestätigen, dass es sich lohnt.

Rohstoffe in der Naturfarbenherstellung

Alaun ist ein Doppelsalz, das auch Kali-Aluminiumsulfat heisst. Es ist leicht alkalisch und wird manchmal als Aufschlussmittel eingesetzt. Besonders zur Behandlung von Gipsputzen ist es in wässriger Lösung ein gutes Grundiermittel.

Balsamterpentinöl ist das am meisten eingesetzte natürliche Lösungsmittel für pflanzliche Harze. Es handelt sich um ein Destillat aus Kiefernbalsam. Die Harze werden in Südeuropa, vornehmlich in Portugal, von lebenden Bäumen gesammelt.

Bernstein ist ein fossiles Harz, das durch die erdgeschichtliche Lagerung gehärtet wurde. Dieser Umstand, verbunden mit dem hohen Schmelzpunkt, macht Bernstein interessant für besonders strapazierfähige Bernsteinlacke. Es wird allerdings heute nur noch selten eingesetzt.

Bienenwachs kann vielfältig genutzt werden. Im Naturfarbensektor wird es zur Holzoberflächenbehandlung eingesetzt, wo es zu schönem Samtglanz aufpoliert werden kann. Bienenwachs riecht gut, ist antistatisch und schmutzabweisend.

Borax ist ein Borsalz (Natriumtetraborat). Es wird überwiegend im nordamerikanischen Südwesten aus natürlichen Lagerstätten gewonnen. Das milde alkalische Salz dient zum Kaseinaufschluss.

Borsalz ist eine gängige Bezeichnung für Oktoborate. Diese werden wie Borax gewonnen und haben durch den höheren Boranteil eine gute Holzschutzfunktion. Sie werden als vorbeugender Holzschutz dort eingesetzt, wo kein fliessendes Wasser angreift.

Carnaubawachs stammt von tropischen Palmen, die vor allem in Brasilien angebaut werden, um das begehrte harte Wachs von den Blattunterseiten zu gewinnen. Zum Einsatz kommt es vor allem in strapazierfähigen Fussbodenhartwachsen.

Dammarharz vergilbt im Gegensatz zu Kiefernharzen kaum. Es ist weisslich transparent und kommt in Firnissen und besonders in weissen Öllacken zum Einsatz. Da es durch Bauern vom Dammarbaum gesammelt wird, trägt es gewissermassen zum Erhalt der Tropenwälder bei.

Erdpigmente bezeichnet als Sammelbegriff alle natürlich vorkommenden bunten Erden, nachdem diese abgebaut, gereinigt und fein vermahlen wurden. Sie können zum Einfärben fast sämtlicher Anstrichmittelsysteme eingesetzt werden.

Äthylalkohol wird oft auch Bio-Alkohol genannt. Nach wie vor handelt es sich jedoch um nichts anderes als ein Gärungsprodukt aus pflanzlichen Zuckern/Stärke. Neben der Herstellung von Schnäpsen werden vergällte Sorten als Lösungsmittel vor allem für Schellack eingesetzt.

Firnis ist eine unspeziefische Bezeichnung für behandelte ölige Bindemittel. Bekannt ist Leinölfirnis, ein Leinöl das mit 1 bis 3 Prozent Trockenstoffen versetzt wurde, um die Trockenzeiten zu verbessern. Die Sikkative oder Trockenstoffe sind meist Metallverbindungen.

Gips heisst für den Chemiker auch Calciumsulfat. Bekannt ist dieses als Putz- und Fugenspachtel. Wir setzen Gips zur Herstellung von Malkreide ein. Zu unterscheiden ist Recycling-Gips und natürlicher Gips, der in der Natur zu finden ist.

Glimmer gibt es in unterschiedlichen Ausprägungen. Phlogopit beispielsweise ist feinschuppig, wogegen Muskovit in grösseren «Scheibchen» gefunden wird. Das Tonerde-Silikat kann als Füllstoff eingesetzt werden, hat aber auch dekorative Eigenschaften.

Gummi ist eine Bezeichnung für natürliche Balsame von Laubbäumen. So liefert zum Beispiel eine nordafrikanische Akazienart Gummiarabicum oder der Kirschbaum Kirschgummi. Sie dienen als wasserlösliche Bindemittel vor allem in Aquarellfarben.

Holzölstandöl wird durch Pressung aus den Nüssen des chinesischen Tungbaumes (daher manchmal auch Tungöl genannt) gewonnen. Es ist dickflüssig und verbessert die Trocknungseigenschaften von Ölfarben und Lacken.

Isoaliphate werden neuerdings als Lösungsmittel in Anstrichstoffen eingesetzt. Es handelt sich um sehr gut gereinigtes Testbenzin, das angeblich völlig aromatenfrei (daher «iso») ist. Dennoch bleibt es ein Mineralölprodukt. Es fehlen Langzeiterfahrungen.

Kalischmierseife ist eine Schmierseife, die unter Zuhilfenahme von Kalilauge hergestellt wird. Sie kann zum Grundieren von Putzwänden eingesetzt werden, als Reinigungsmittel oder als Bestandteil von Naturabbeizer.

Kaolin ist ein anderer Name für Porzellanerde. Das natürliche Tonmineral ist ein guter Füllstoff für wässrige Anstrichsysteme. Besonders in Wandfarben sorgt es mit seinem guten Wasserhaltevermögen für eine gute Anstrichkonsistenz.

Kasein oder Käsestoff findet sich in allen Milchprodukten. Magerquark besteht neben Wasser wesentlich aus Kasein. Durch Aufschluss mit Alkalien entsteht der Kaseinleim, der ein extrem kräftiges Bindemittel darstellt.

Kieselgur besteht aus den Skeletten abgestorbener Kieselalgen. Es wird auch Diatomeenerde genannt und ist ein mattierender und extrem leichter Füllstoff. In der Sprengstoffherstellung dient es als Trägermaterial, für uns ist es unter anderem ein natürliches Antiabsetzmittel.

Kolophonium ist der feste Bestandteil der Kiefernharze. Es wird in Lack-Zubereitungen eingesetzt. Kalkkolophonium wird mit Kalk verkocht, Kolophonium-glycerinester sind veresterte Harze. Sie haben bessere Trocken- und Härtereigenschaften.

Kreide gibt es in riesigen Mengen und in vielen Varietäten. Sie besteht aus Calciumcarbonat, welches vor allem von Kammertierchen zu winzigen Skeletten und Schalen aufgebaut wurde. Die jahrmillionenalten Ablagerungen liefern ein vielseitig einsetzbares Weisspigment.

Leinöl ist nach wie vor das häufigste natürliche Farbenöl. Es wird aus Flachssaat gepresst, besteht zu einem wesentlichen Teil aus Linol- und Linolensäuren und ist ein technisch hochwertiges Farbbindemittel.

Leinölstandöl ist traditionell ein lange abgestandenes Leinöl. Der damit einhergehende Eindickungsprozess kann durch Kochen beschleunigt werden, was eine Art Vortrocknung darstellt. Das Standöl ist wasserfester und hat günstige Verlaufseigenschaften.

Methylzellulose wird aus natürlicher Zellulose hergestellt, allerdings unter Beteiligung der Chlorchemie. Es ist ungiftig, dient als Verdickungsmittel und vor allem als Klebstoff wie beispielsweise im Falle von Tapetenkleister oder als Bindemittel für Leimfarben.

Ricinenöl ist ein entwässertes Rizinusöl. Es gehört zu den trocknenden Ölen und ist damit als Farbbindemittel geeignet. Wegen seiner geringen Vergilbungsneigung und guten Temperaturbeständigkeit kommt es in Weisslacken und Heizkörperfarben zum Einsatz.

Safloröl wird ebenfalls zu Standölen weiterverarbeitet. Es stammt von der Färberdistel, die reichhaltige Ölsamen liefert. Wegen der geringen Vergilbungsneigung dient es als hervorragendes Farbbindemittel.

Salmiakgeist wird nur verdünnt als kräftiges Reinigungsmittel eingesetzt. Durch seine Alkalität verseift es Fette und Öle und kann ebenfalls zur Herstellung von Harzseifen benutzt werden.

Schellack ist das wachshaltige Harz, welches durch Schildlausbefall in Symbiose mit indischen Sträuchern produziert wird. Es ist alkohollöslich und bietet dann ein schnell trocknendes Farbbindemittel für Spirituslacke und Schellackpolituren.

Xanthan ist ein natürliches Klebe- beziehungsweise Verdickungsmittel, welches von bestimmten Bakterien produziert wird. Es wird in Lebensmitteln eingesetzt, ist aber auch für Mal- und Anstrichfarben sehr gut geeignet.

Zitronensäure ist die Fruchtsäure der Zitrone. Sie wird von uns lediglich als «Triebmittel» in der Kinderknete eingesetzt. Man kann sie auch als Säureregulator benutzen.

Wandfarben

Pigmente, Bindemittel und Lösungsmittel

Alle Anstrichmittel folgen einem gemeinsamen Grundmuster, sie bestehen mindestens aus Bindemittel und Pigmenten. Hinzu kommen meist Lösungsmittel und diverse Zuschlagstoffe. Alle diese Inhaltsstoffe haben ihre spezielle Funktion, manche sind unbedingt notwendig, manche sind eher im Bereich des Unsinns anzusiedeln. Bevor wir uns unter den speziellen Anstrichsystemen einzelne Komponenten genauer ansehen, wollen wir hier ihr Wesen an den Gemeinsamkeiten aufzeigen.

Nehmen wir ein einfaches Beispiel: feingemahlenes rotes Bohrmehl von einem Ziegelstein ist als *Pigment* geeignet (über die Beschaffenheit von Pigmenten und ihre Unterschiede in Herkunft und Verwendbarkeit siehe Seite 72ff.). Tatsächlich ist es ja nichts anderes als eisenoxidhaltige Erde, eine rote Tonerde. Wenn wir dieses rote Pulver nun mit Wasser anrühren, erscheint es uns als rote Farbe. Es ist auch streichfähig, und mit einem Pinsel verstrichen,

Die natürlich vorkommenden Erdfarben geben das Lokalkolorit. Villa, in der Roberto Rossellini und Ingrid Bergman bei den Dreharbeiten zum Film «Stromboli» lebten.

gibt es einen hübschen, farbigen Effekt. Als Anstrich im eigentlichen Sinne kann man das jedoch nicht bezeichnen, denn beim ersten Windzug wäre die ganze Pracht dahin. Es fehlt ganz einfach ein Kleber, der die Farbkörper untereinander und auf dem Untergrund fixiert, das sogenannte Bindemittel.

Auch *Bindemittel* können sehr einfacher Natur sein. Bier beispielsweise ist uns allen als klebrig bekannt, spätestens dann, wenn Glasränder am Tisch trocknen. Im traditionellen Malerhandwerk wurde für bestimmte Techniken lange Zeit Bier als Binder benutzt. Es ist in der Lage, bis zu 15 Gewichtsprozent Pigmente völlig wischfest zu verkleben. Allerdings ist es nicht im geringsten wasserfest. Der erste Regen würde den ganzen Anstrich zunichte machen. Es gibt aber auch wasserbeständige natürliche Bindemittel, wie zum Beispiel die meisten Öle. Gebräuchlich ist hier das einheimische Leinöl, welches sich seit Jahrhunderten bewährt hat. Es wird teilweise zu Firnissen und Standölen verarbeitet. In der Natur findet sich eine lange Reihe weiterer «Klebstoffe». Wir werden sie im entsprechenden Zusammenhang behandeln. In der Regel werden die Anstrichmittel übrigens nach ihren Bindemitteln benannt: So heisst eine mit Milcheiweiss gebundene Farbe Kaseinfarbe oder eine Leinsaatölfarbe kurz Ölfarbe.

Ein weiteres zentrales Element der meisten Farben sind *Lösungsmittel.* Ihre Hauptaufgabe ist die Verflüssigung des Breies aus Pigmenten und Bindemitteln. Manche Bindemittel werden durch die Vermischung mit Lösungsmitteln überhaupt erst flüssig und streichfähig.

Kurz erwähnt seien an dieser Stelle noch die *Zuschlagstoffe,* die den Anstrichmitteln spezielle Eigenschaften verleihen. Gerade hier finden wir eine Nische, in der schon einmal Sondermüll entsorgt werden kann. Die Liste ist zu lang, um alle möglichen Farbzugaben erschöpfend abzuhandeln, die wichtigsten werden allerdings in den folgenden Abschnitten auftauchen. Die unterschiedlichen Farbenbestandteile auf ihre Funktion und Aufgabe zu hinterfragen, ist der beste Weg zur kritischen Beurteilung eines Anstrichmittels.

Für jede Anwendung die richtige Farbe

Streichen, Rollen, Spritzen – diese Bezeichnungen stehen in der Regel ausschliesslich für Gebrauchstauglichkeit und bequeme Verarbeitung. Damit erhalten sie eine Art Prädikatscharakter; mit handwerklich sachgemässer Ausführung hat das allerdings wenig zu tun. Diese ist aber gerade bei der Verwendung von Naturfarben sehr wichtig, da erst durch sie die Vorzüge voll zur Entfaltung kommen. Ob wir eine Kunststoffbeschichtung rollen oder streichen, ist tatsächlich oft gleichgültig. Ein natürliches, auf einen bestimmten Untergrund abgestimmtes Anstrichmittel sollte jedoch in der optimalen Weise verarbeitet werden. Auf Details der Auftragstechnik – und das ist eigentlich mit Streichen, Rollen und Spritzen gemeint – werden wir im Zusammenhang mit alten Techniken eingehen. An dieser Stelle soll vor allem deutlich werden, dass die Art und Beschaffenheit des Untergrundes sehr wichtig für die Wahl eines Anstrichmittels ist.

Welches Anstrichsystem zu welchen Untergründen passt, soll im Zuge der einzelnen Kapitel begründet werden. Zur Übersicht dient die Tabelle auf der folgenden Seite.

Der Untergrund

Wir haben bereits erwähnt, dass Anstrichmittel und Untergrund zusammenpassen müssen. Im einzelnen wird das bei den speziellen Anstrichsystemen erklärt. Es gibt aber eine Reihe von allgemeinen Aspekten, die für alle Anstriche zu berücksichtigen sind.

Untergrund	Anstrichsystem: Leimfarbe	Kaseinfarbe	Kalkfarbe	Silikatfarbe
glatte Kunststofftapeten		X		
		als Tempera		
Tapeten wie Rauhfaser	X	X		
Gipsputze	X*	X*		
lockere Lehmputze		X*		X*
hoch verdichtete Lehmputze	X*	X		X
Backsteinmauerwerk		X		X
hartgebrannte Ziegelwände		X		
frische Kalkmörtelputze		X*	X	X*
alte Kalkmörtelputze	X*	X	X*	X*
Kalksandsteinwände	X	X	X	X
Zementmörtelputze		X	X*	X*
Betonuntergründe		X		X
Natursandstein				X
Gipsleichtbauplatten (papierkaschiert)	X	X		
Gipsfaserplatten	X*	X*		

* In diesen Fällen ist in der Regel eine Grundierung notwendig. In Zweifelsfällen sollte immer ein Probeanstrich durchgeführt werden. Zu den möglichen Grundierungsmethoden finden sich Hinweise bei den speziellen Anstrichsystemen.

Tragfähigkeit

Es handelt sich hier um eine recht banale Forderung, die aber für alle Anstriche erhoben wird. Dass lose Putzteilchen beseitigt werden müssen oder dass eine sich ablösende Tapete nicht mehr gestrichen werden sollte, dürfte eigentlich selbstverständlich sein. Es wird aber doch hin und wieder versucht, mit Anstrichen irgendwelche Bauschäden zu überdecken. Wer dies möchte, kann es zwar teilweise mit Erfolg tun, sollte aber beim Misslingen nicht der Farbe die Schuld geben.

Saugfähigkeit

Die Saugfähigkeit des Untergrundes ist wesentlich für das Gelingen von Anstrichen. Leicht oder normal saugende Untergründe sind wünschenswert, da sie dem mechanischen Haften der Anstriche entgegenkommen. Poröse Untergründe sind in der Regel saugfähiger als glatte, verdichtete Flächen, das heisst, sie saugen die Feuchtgkeit der Farbe regelrecht auf. Wie stark ein Untergrund saugt, kann man recht gut durch Augenschein testen. Schüttet man beispielsweise ein Schnapsglas voll Wasser in Brusthöhe gegen die Wand und das Wasser rinnt bis auf den Boden, wird die Saugfähigkeit nicht besonders gross sein. Zieht das Wasser hingegen schnell ein, wobei meist ein etwas dunkler Fleck entsteht, so kann man auf eine Grundierung kaum verzichten. Diese Grundierung ist vor allem deshalb wichtig, weil mit der Feuchtigkeit auch Bindemittel in den

Untergrund abwandert. Im Extremfall kann das bedeuten, dass der Anstrich nicht wischfest wird, da in der Oberfläche nicht mehr genug «Klebkraft» vorhanden ist. Ausserdem wird das Anstrichbild durch die Saugfähigkeit beeinflusst. Neben dem Bindemittelverlust steht auch der allgemeine Flüssigkeitsverlust. Das Anstrichmittel verliert dadurch bereits während der Arbeit seine Streichfähigkeit, die Farbe trocknet quasi am Pinsel. In Versuchen ist es uns gelungen, eine Farbrolle an der Wand festkleben zu lassen. Dass mit einem derart eingedickten Anstrichmittel kein gleichmässiger, dünner und nass in nass hergestellter Anstrichaufbau erfolgen kann, liegt auf der Hand. Eine Folge ist dann das Spachteln von Farbe, was eher eine für Strukturputze geeignete Technik ist. Farbaufträge wirken in diesem Fall scheckig. Bei Putzoberflächen kann man sich gelegentlich durch ein Vornässen des Untergrundes helfen, auch ein Verdünnen der Farbe ist in leichteren Fällen sinnvoll. Das adäquate und sicherere Vorgehen ist jedoch das Grundieren mit verdünnten Bindemitteln.

Nass in nass

Gemeint ist hier eine Technik, die ganz wesentlich das Aussehen des Anstrichs beeinflusst. Ziel des «nassen Arbeitens» ist es, Ansätze zu vermeiden. In der Praxis wird der Untergrund oft Feld für Feld je nach persönlicher Reichweite beziehungsweise Armlänge gestrichen. Gerade bei Farben, die schnell anziehen (antrocknen), führt das dazu, dass an den Stossflächen der Einzelfelder doppelte oder mehrfache Farbaufträge erfolgen. Besonders wenn solche Flächen später flach, also mit einem sehr spitzen Lichteinfallswinkel, belichtet werden, entstehen Schattenbildungen. Ein Problem, das besonders an Decken oder langen, vom Fenster wegweisenden Wänden auftritt. Aus demselben Grund sollte man Pausen immer dann einlegen, wenn eine Wand fertig ist. Auf diese Weise erfolgen Ansätze in den Ecken, wo man nichts von ihnen bemerkt.

Mehrere Maler arbeiten Hand in Hand nass in nass mit pflanzlichen Lasurfarben.

Wie vermeidet man das Scheckigwerden? Erstens ist zu klären, ob der Untergrund nicht zu saugfähig ist; im Zweifelsfall lieber einmal zuviel grundieren. Zweitens muss die Farbe flüssig genug sein; die berühmte Streichfähigkeit bezieht sich nämlich auch auf den Untergrund. Man behilft sich durch Verdünnen mit Lösungsmittel (Wasser bei Wasserfarben) und eventuell auch durch Anfeuchten des Untergrundes. Drittens ist eben das Nass-in-nass-Arbeiten wichtig. In der Regel erreicht man dies durch Arbeiten im Kreuzgang, das heisst, dass wechselweise waagerecht und senkrecht übereinander, also in sich kreuzenden Bahnen gestrichen wird, und durch zügiges Arbeiten. Auf grossen, schwierigen Flächen wird traditionell immer mit mehreren Arbeitskräften Hand in Hand gearbeitet. Vor allem ist immer eine Grundierung in Erwägung zu ziehen.

Grundierungen

Grundierungen haben die Funktion eine geeignete Unterlage für folgende Anstriche zu schaffen. Meist gilt es, die Saugfähigkeit des Untergrundes herabzusetzen, das heisst die Kapillarität eines porösen Untergrundes zu verringern. In Extremfällen sind sie sogar geeignet, Untergründe zu verfestigen, also die Tragfähigkeit wiederherzustellen. Im konventionellen Bereich spricht man in diesem Zusammenhang von Tiefgründen; gerade diese sind in der Regel wegen hoher Lösungsmittelanteile sehr problematische Chemiecocktails.

Dort wo Naturfarben eingesetzt werden, begegnen wir oft Grundierungen mit Grundiersalz, das heisst *Alaungrundierungen.* Im alten Malerhandwerk wurden auf extrem saugenden Kalkmörteln oder Schlämmkreidegründen oft Seifenlösungen eingesetzt, um dadurch die Bildung fettsauren Kalks zu bewirken. In der Kombination mit unmittelbar folgenden Alaunbehandlungen wurden auf diese Weise die Poren gut abgedichtet, so dass Anstriche ohne Probleme aufgetragen werden konnten.

Alaun ist ein Kali-Aluminium-Sulfat, welches aus Alaunschiefer (Alunit) gewonnen wird. Auf der Ostseeinsel Bornholm gibt es zum Beispiel die sogenannten Stinksteinbrüche. Der Name kommt daher, dass in ihrer Umgebung ein dezenter Schwefelgeruch wahrzunehmen ist. Alaun findet weiter in der Vorbeize von Textilien, zum Färben, beim Gerben von Fellen und in der medizinischen Kosmetik Verwendung. So waren die alten «Blutstiller» für Schnitte beim Rasieren genauso reiner Alaun wie die heutigen modernen Kristalldeosteine. Beide machen sich die adstringierende, das heisst zusammenziehende Wirkung des Alauns zunutze. In Grundierungen wirkt Alaun fäulnisschützend. Sinnvoll ist der Einsatz von Alaungrundierungen auf Kalk-, Gips- und Mischputzen. Hier sind seine neutralisierenden und egalisierenden Eigenschaften von Nutzen. Alaungrundierungen werden am besten mit der Deckenbürste (Quast) aufgetragen. Sie können sehr einfach selbst hergestellt werden:

500 Gramm Alaun-Grundiersalz
in 10 Liter Wasser auflösen und verarbeiten.

Wirkungsvoller sind in aller Regel die *Bindemittelgrundierungen.* Sie können mehr oder weniger verdünnt angesetzt werden. Ein konzentrierterer Ansatz hat dabei immer die höhere Klebkraft und ist für stärker saugende Untergründe gedacht. Man sollte allerdings nie mit unverdünntem Kleber arbeiten, da dieser zu spannungsreich auftrocknen würde, was zu Abplatzungen führen kann. Man bedient sich desselben Bindemittels, das auch als Farbbinder im danach folgenden Anstrich enthalten sein wird. Wir kommen im Zusammenhang mit den speziellen Anstrichsystemen darauf zurück.

Reinigung

Es ist wichtig, Räume vor einem Neuanstrich, aber beispielsweise auch beim Frühlingsputz gründlich und sorgfältig zu reinigen. Die Reinigung ist manchmal auch ein sanfter Weg, Räume wieder bewohnbar zu machen. Eine sorgfältige, richtig verstandene Reinigung führt einen Raum wieder seiner ursprünglichen Bestimmung zu, schafft eine Atmosphäre von Wohnlichkeit und Entspannung. Energien, die in einem Raum fliessen, können auf diese Weise neu belebt oder umgewandelt werden. Eine solche Reinigung soll sanft und mit Bedacht geschehen. Gerade das wird durch ein Hantieren mit aggressiven chemischen Reinigern verhindert. Diese hinterlassen einen Raum zwar sauber im Sinne von antiseptisch, verursachen aber eine tiefgreifende atmosphärische Störung. Die chemischen Rückstände wirken sich negativ auf das Raumklima aus, sie schaffen eine sterile Umgebung. Gerade für pathogene Keime, die mit der Zeit resistente Stämme entwickeln, wird so ein günstiges Klima geschaffen. Spitäler liefern dafür Anschauungsunterricht.

Reinigungsmittel Nummer eins ist reines, natürliches Wasser. Falls möglich, holen wir dieses von einem Brunnen oder aus einem sauberen Bach, da Wasser in einem vitalisierten Zustand eine erheblich grössere Reinigungskraft besitzt. Ein achtsamer Umgang mit allen Ressourcen, auch mit den Gefässen und Werkzeugen, die wir verwenden, ist sehr bedeutsam und erhöht die Befriedigung und Freude an der Arbeit.

Natürliche Pflanzenseifen sind ökologisch unbedenklich. Sie reinigen gründlich und ohne gesundheitsschädigende Rückstände. Meistens haben sie sogar eine rückfettende, also schützende und pflegende Wirkung. Sie lassen sich mit natürlichen Lösungsmitteln emulgieren (wie dies auf Seite 98 geschildert wird). Allerdings ist auch bei natürlichen Produkten Vorsicht geboten: Seifen können so stark alkalisch sein, dass sie Holz verfärben oder Linoleumböden angreifen. Auch hier gilt der Rat: zuerst ausprobieren!

Wände, Räume und Wohnungen, die mit einer Mischung von Pflanzenseife und Rosenwasser gereinigt wurden, haben eine sehr feine Ausstrahlung. Allein schon wegen des wunderbaren Dufts ist das Arbeiten mit Rosenwasser eine Wohltat. Anstelle des Gemischs kann auch zuerst mit Seife gereinigt und danach mit Rosenwasser nachgewaschen werden. Beim Waschen der Wände muss darauf geachtet werden, sie zügig zu reinigen und gleich anschliessend nachzuwaschen. Wenn nicht flüssig (nass in nass) gearbeitet wird, können sich unschöne Streifen bilden. Am besten geht das im Team: Mit Bürste und Seifenwasser aufweichen und vorreinigen, daraufhin Feinarbeit mit Schwamm und Rosenwasser. Anstelle des Rosenwassers können auch natürliche Essenzen (Lavendel, Thymian, Bergamotte, Kiefer usw.) verwendet werden.

Daneben gibt es noch weitere bewährte Reinigungsmittel: *Salmiakgeist* ist da erforderlich, wo starke Fett- und Nikotinschichten (auch Öle und teilweise Ölfarben) ohne Rückstände gelöst werden sollen. Salmiak verflüchtigt sich in der Luft und ist als alkalischer Geist einzigartig. Es muss jedoch – wie bei allen starken Alkalien und Säuren – mit der nötigen Vorsicht vorgegangen werden. *Soda* kann, wie beim Ablaugen (Seite 90f.) beschrieben, zu einer Reinigungslauge angerührt werden. Sie wirkt ähnlich wie Salmiakgeist. Da sich Soda nicht verflüchtigt, müssen die Wände beziehungsweise Hölzer vor einem allfälligen Anstrich sehr gründlich nachgewaschen werden. Bimssteinpulver ist ein natürliches vulkanisches Scheuermittel. Es verstärkt die Reinigungswirkung um den mechanischen Scheuereffekt und ergibt somit zusammen mit Soda als Pulver ein gutes Scheuermittel.

Leimfarben

Leimfarbenanstriche kennt man seit ungefähr 6000 Jahren. Im alten Ägypten wurde Papyrus mit Baumharzen, Tragant und Hautleim bemalt. Auch die ersten neuzeitlichen Tapeten wurden zunächst mit Leimfarben bemalt und dann mit dem reinen, wenig verdünnten Bindemittel an die Wand geklebt. Jahrhundertelang wurde sehr viel mit Leimfarben gearbeitet, und es entstanden wunderschöne Wandgemälde in Opernhäusern und Schlössern, die zum Teil heute noch zu bewundern sind. Die Herstellung von Leimfarben war eine Grundlage des Malerhandwerks, und die Verarbeitung einfachster Rohstoffe wie tierischer und pflanzlicher Leime, Kreide und bunter Erden bewährte sich in einer vielseitigen Praxis. Die Anstriche waren unproblematisch für Mensch und Umwelt und sowohl unter bauphysikalischer wie auch maltechnischer, baubiologischer und nicht zuletzt preislicher Sicht sinnvoll. Aus der Mode gekommen sind die Leimfarben wohl hauptsächlich deshalb, weil sie oft unsachgemäss verarbeitet wurden und es so später zu Anstrichschäden kam. Ausserdem sind Leimfarben nur sehr begrenzt überstreichbar, was den Anforderungen der schnellen Renovierbarkeit nicht gerade entgegenkommt.

Tierische und pflanzliche Leime

Leimfarben enthalten tierischen oder pflanzlichen Leim als Bindemittel. Zu den tierischen Leimen gehören zum Beispiel Knochenleim, Hornleim, Gelatine und Fischleim (z. B. Hausenblase aus Astrachan). Diese Leime sind stickstoffhaltige Substanzen, die in Wasser aufgeschlossen und löslich gemacht werden. Sie werden durch Kochen von Tierhaut, entfetteten Tierknochen, Kalbsköpfen oder -füssen, Hornsubstanz, Fischknorpel oder Fischblasen hergestellt. In der Farbenherstellung wurde vorwiegend Lederleim eingesetzt. Um Lederleim herzustellen, werden rohe oder gegerbte Häute 15 bis 40 Tage in Kalkmilch gelegt und danach ausgewaschen, wodurch anhaftende Fleischreste vom Leder gelöst werden. Der sogenannte Rohleim wird dann herausgekocht. Gelatine ist, nebenbei bemerkt, ein Lederleim von besonders guter Qualität. Sie findet heute auch in Lebensmitteln Verwendung, wo sie allerdings umstritten ist. (Kölner Tisch- oder Tafelleim sind Qualitätsbezeichnungen für bestimmte Lederleime, die vorwiegend für den sogenannten Kreidegrund im Kunstmalbereich verwendet werden.)

Der klebende Bestandteil in tierischen Leimen ist das Glutin. Bindemittel tierischen Ursprungs werden allerdings kaum noch benutzt, da sie sehr spröde sind und der Bindemittelanteil nur in sehr engen Grenzen gehalten werden kann (ein Anstrich könnte sonst leicht abplatzen). Ein weiterer Nachteil der tierischen Leime ist, dass sie Wasser aufsaugen können und durch dieses Quellen ihre Bindefähigkeit verlieren.

Wenn heute von Leimfarben gesprochen wird, sind also meistens pflanzliche Leime gemeint. Früher wurden auch aufgeschlossene Stärke, Mehlkleister oder Dextrin benutzt. Methylzellulose ist, isoliert betrachtet, für den Menschen unproblematisch. Das Problem liegt hier, wie so oft bei Farbrohstoffen, in der Herstellung, bei der erhebliche Mengen Chlor zum Einsatz kommen. Eine interessante Variante zur Herstellung von pflanzlichen Leimfarben ist jene aus Moosschleim. Nur wenige Drogisten kennen allerdings noch das Verfahren. Als Moos kommen isländisches oder irisches Moos oder auch Karagheenmoos in Betracht. Das Moos wird zerkleinert und gewaschen, dann lässt man es trocknen. Anschliessend wird es mit der 30- bis 40fachen Menge Wasser eine Stunde lang gekocht und schliesslich filtriert. Dem Filtrat setzt man auf einen Teil Moosschleim zwei Teile Zucker zu und dampft das Ganze so lange ein, bis eine dicke Konsistenz erreicht ist. Zur Konservierung kann man etwa 1 Prozent Borax oder andere Borsalze zusetzen. Auch Gewürznelken (20 bis 30 Stück pro Liter Leim) eignen sich zur Konservierung.

Zur heutigen Leimfarbenpraxis

Auch wenn Leimfarbenanstriche im Ruf minderer Qualität stehen, sollte man ihre Anwendung durchaus in Betracht ziehen. Anstrichmängel sind, wie gesagt, oft in einer falschen Verarbeitung begründet. Die Untergründe müssen immer saugfähig und gut tragfähig sein. Gerade alte Leimfarbenanstriche müssen vollständig abgewaschen werden, da sie sich sonst beim Überstreichen in Schichten um die Rolle wickeln. Wer dieses Phänomen mit viel Geschick und dem Einsatz der Deckenbürste umschifft, muss mit späterem Abblättern rechnen. Sollte ein mehrmaliger Auftrag erwünscht sein, muss auf jeden Fall bei jedem weiteren Anstrich mit einem geringeren Bindemittelanteil gearbeitet werden, damit die Oberfläche nicht zu spannungsreich wird.

Als grossen ökologischen Pluspunkt dürfen wir die überaus einfache Rezeptur betrachten. So ist die klassische alte Leimfarbe oft nur Kreide, die mit 5 bis 7 Prozent Leim gebunden wird. Kreide ist regional verfügbar, das Einfärben mit bunten Erden ist technisch sehr einfach und führt zu hübschen Ergebnissen. Eine billigere Farbe gibt es nicht, und die Reste sind bedenkenlos kompostierbar. Das Abwaschen alter Leimfarben ist im übrigen sehr einfach. Entweder werden sie mit Wasser eingeweicht und später mit einem Spachtel abgeschoben, oder sie werden gleich mit viel Wasser und Schwamm oder Bürste heruntergewaschen.

Dieses Abwaschen kann in bestimmten Fällen sogar überaus sinnvoll sein. Wenn beispielsweise in mühevoller Kleinarbeit alte Stuckreliefs von «Binderfarbe» befreit wurden, wäre es doch schade, sie gleich wieder mit groben Kunststoffmassen aufzufüllen. Spätestens nach drei Anstrichen wäre die Stuckarbeit wieder verschwunden und das langwierige Freilegen begänne von neuem. Hier sind Leimfarben, die leicht abwaschbar sind, sehr sinnvoll. Dasselbe gilt für alle anderen Fälle, in denen ein Entfernen der alten Anstriche gewünscht wird, wie zum Beispiel in Gaststätten, in denen viel geraucht wird. Mit der Farbe wird hin und wieder der gesamte Nikotinbelag, der ja auch in die Farbe einzieht, abgewaschen. Im Fall eines Entgiftungsraums in einer Klinik wurde erwogen, ob es nicht eventuell besser sei, den Anstrich gelegentlich auszutauschen, als den Raum aufwendig zu reinigen.

Leimfarbenansätze

Ein praktischer Ansatz für eine wischfeste Wandfarbe wird folgendermassen hergestellt. Zunächst werden die beiden Komponenten, Bindemittel- und Pigmentsumpfansatz, einzeln angerührt. Der Leim kann einfach ins Wasser geschüttet und verrührt werden; beim Einsumpfen der Pigmente bedient man sich am besten eines Quirls, der in eine Bohrmaschine eingespannt wird. Unter Rühren wird nach und nach das Farbpulver zugesetzt, in der Regel entsteht zunächst ein recht zäher Brei, der durch das Rühren klumpenfrei verschlichtet wird.

Hier das Rezept:
100 g Farbenleim in 2,5 Liter Wasser einrühren (erster Eimer). 5 kg Kreide in 2,5 Liter Wasser einrühren (zweiter Eimer). Die beiden Komponenten (Leim- oder Kleisteransatz und Pigmentsumpf) 20 bis 30 Minuten quellen lassen. Danach werden sie zusammengeschüttet und gut verrührt. Gegebenenfalls muss dieser Ansatz mit etwas Wasser auf eine gute Streichfähigkeit verdünnt werden. Die Reichweite beträgt etwa 40 bis 50 m².

Für *Deckenanstriche* nimmt man einen Leimfarbenansatz, der einen geringeren Bindemittelanteil enthält:
100 g Farbenleim in 2,5 Liter Wasser einrühren (erster Eimer). 7 kg Kreide in 3,5 Liter Wasser einrühren (zweiter Eimer). Das Quellenlassen und Mischen erfolgt, wie zuvor beschrieben. Die Reichweite beträgt 70 m².

Der geringere Bindemittelanteil führt zu leichterer Verarbeitbarkeit und geringerer Gefahr des Abblätterns. Ausserdem wird die Farbe garantiert matt, so dass keine Glanzstellen entstehen können. An der Decke reicht zudem eine geringere Wischfestigkeit in aller Regel aus. Leimfarbenanstriche können zwei- bis dreimal überstrichen werden. Wichtig ist dann allerdings, dass der zweite Anstrich weniger Bindemittel enthält als der erste. Das gleiche gilt auch für wässrige Bindemittel wie Kasein und Kalk. Ein nachfolgender Anstrich sollte immer weniger gebunden sein als der vorangegangene.

Eine *Grundierung* vor Leimfarbenanstrichen oder als Vorbereitung für das Tapezieren muss auf stark saugenden Untergründen erfolgen. Will man später mit Leimfarben streichen, ist es sinnvoll, auch eine Leimgrundierung vorzunehmen. Hierzu wird der Leim, wie oben für die Deckenfarbe beschrieben, angesetzt und dann zu gleichen Teilen mit Wasser verdünnt. Extrem stark saugende Untergründe sollten mit einem konzentrierteren Leim grundiert werden. Die Reichweite für 5 Liter Ansatz beträgt 60 bis 70 m².

Farbenleim eignet sich auch als Zusatz zu *Kalkfarben* im Innenbereich. Er verbessert die Streichfähigkeit enorm, und die Kalkfarbe wird besser gebunden. Durch den Farbenleimzusatz hat sie ein besseres Wasserrückhaltevermögen, das heisst, sie trocknet nicht so schnell auf, und sie spritzt weniger bei der Verarbeitung.

Eine Empfehlung wäre folgender Ansatz:
100 g Leim auf 2,5 Liter Wasser (Verhältnis 1:25). Dieser Ansatz wird der fertigen Kalkfarbe in einer Menge von maximal 10 Prozent zugesetzt.

Schäden an Leimfarbenanstrichen

Die Farbe wischt oder kreidet.

Die Leimfarbe enthält einen zu geringen Bindemittelanteil, oder es fehlt die Grundierung.

Ansätze und/oder streifiger Anstrich

Der Untergrund war zu stark saugend (z. B. Handgipsputz). Mit verdünntem Bindemittel (Leimwasser) vorstreichen.

Ansätze und Streifigkeit im Deckenbereich

Gerade im Deckenbereich ist es wichtig, nass in nass zu streichen, das heisst, die Farbe darf nicht antrocknen, bevor das zu streichende Gebiet endgültig verlassen wird. Es sollte immer in Richtung des grössten Lichteinfalls (meist vom Fenster weg) gearbeitet werden.

Der Anstrich blättert ab.

Zu viele Schichten wurden aufgetragen, oder Altanstriche hätten abgewaschen werden müssen. (Dazu eventuell einen Spachtel mit schräger Vorderkante verwenden, da dieser den Altanstrich zur Seite wegschiebt und man nicht alles auf den Kopf bekommt.)

Kaseinfarben

Kaseinfarben gehören genau genommen zu den Leimfarben. Sie werden jedoch in aller Regel gesondert behandelt, da sie sich von den oben beschriebenen Leimfarben in ihren Eigenschaften deutlich unterscheiden. Kasein ist nämlich, als Leim verarbeitet, nach dem Abbinden der Farbe nur sehr schwer wasserlöslich. Dies gilt auch für andere Eiweisse. Insbesondere Hühnereiweiss wird unter UV-Bestrahlung (am Sonnenlicht) so hart, dass es den Schrecken aller Restauratoren darstellt, da alte Eifirnisse kaum wieder abzulösen sind.

Bereits im alten Ägypten wurde mit Milcheiweissen gearbeitet. Aus althebräischen Texten geht hervor, dass Milch und Erdfarben für Malerarbeiten verwendet wurden. Wandmalereien in der Sixtinischen Kapelle und Freskogemälde an Innen- und Aussenwänden verdanken ihre Haltbarkeit den gleichen alten Rezepturen. Auch wenn kaum jemand sein Wohnzimmer für Jahrhunderte streichen will, die Beständigkeit der Farben würde es zulassen. Nach vielen Versuchen und Erprobungen liefern heute fast alle Naturfarbenhersteller wieder Kaseinfarben. Der hauptsächliche Grund: Kaseinfarben sind gesund, umweltfreundlich und anwendungssicher. Für uns kommt hinzu, dass sie sich recht einfach selber herstellen lassen.

Der dezente Duft einer Molkerei

Milch ist, technisch gesehen, eine Emulsion aus Wasser, Fett, Kasein, Milchzucker und verschiedenen Salzen. Das Kasein oder Milcheiweiss, manchmal auch Käsestoff genannt, ist eine Verbindung von mehr als zwanzig Aminosäuren: chemisch gesehen ein recht komplizierter Stoff, als biologischer oder natürlicher Rohstoff jedoch denkbar simpel. Auch die Herstellung oder Gewinnung ist einfach.

Zur Gewinnung des Kaseins wird die Milch zunächst entfettet oder entrahmt. Aus der Magermilch wird anschliessend das Kasein ausgefällt. Jeder kennt die natürliche Säuerung von Milch und die dabei entstehende Dickmilch. Dieses natürliche Sauerwerden kann technisch beschleunigt und gesteuert werden, indem beispielsweise verdünnte Salzsäure zugesetzt wird. Eine andere Methode wäre der Labzusatz (Lab ist das Verdauungsferment aus Kälbermägen, welches heute allerdings auch schon synthetisch hergestellt wird). Das so gewon-

Kaseinfarben mit Erd- und Mineralpigmenten in harmonischen Abstimmungen.

nene Kasein ist jedoch noch nicht zur Leimherstellung geeignet, da es in Laugen unlöslich ist. Ausgefälltes Kasein wird zunächst durch wiederholtes Auswaschen mit Wasser von löslichen Bestandteilen wie Milchzucker und Salzen befreit und dann entwässert. Wer dies selbst machen möchte, lässt den Quark in Leinenbeuteln abtropfen beziehungsweise presst ihn aus. Dieser Magerquark, Frischkäse oder Topfen enthält mindestens elf Prozent Kasein. Die industrielle Kaseinproduktion ist übrigens unproblematisch; es entstehen dabei lediglich nährstoffreiche Abwässer. Diese Abwässer lassen sich in biologischen Klärstufen sehr gut reinigen. Auch eine Verrieselung in der Landwirtschaft ist möglich.

Kasein allein oder einfacher Quark sind nun allerdings in der Farbenherstellung zu nichts zu gebrauchen, da sie keinerlei Bindekraft besitzen. Getrockneter Quark wird bröckelig und zerfällt. Erst durch die Vermischung mit alkalischen Stoffen wird das Kasein aufgeschlossen und entfaltet in einem Zeitraum von wenigen Minuten bis zu einigen Stunden seine grösste Bindekraft. Eine Prise Borax beispielsweise kann aus einem Becher Quark einen Topf Leim machen. Dieser Kaseinleim besitzt eine ausserordentliche Festigkeit und Klebkraft.

Besonderheiten der Kaseinfarben

Das Bindemittel aller Kaseinfarbenvarianten ist immer aufgeschlossenes Kasein. Je nachdem, ob der Aufschluss mit Kalk oder alkalischen Salzen erfolgte, spricht man von Kalk- oder Alkalikaseinfarbe. Als Salz benutzen wir in aller Regel Borax, ein schwach alkalisches Natriumtetraborat, das sich als natürlich vorkommendes, technisch gut geeignetes und ökologisch vertretbares Mittel bewährt hat. Erst die Vermischung macht das Kasein wasserlöslich und bewirkt die hohe Klebkraft.

Als Pigmente kommen prinzipiell alle Farbkörperchen in Betracht. Die Besonderheit der Kaseinfarben ist jedoch, dass sie auf die «Superweisskraft» von Titandioxid nicht angewiesen sind. Durch die spezielle Lichtbrechung der reinen Wasserfarbe entsteht auch bei ausschliesslicher Verwendung von Kreide als Weisspigment oder anderen weissen Erden ein reinweisser Farbton, der meist keiner Aufhellung bedarf. Dies ist erwähnenswert, da in allen öligen Bindemitteln Kreide gelbgrau wird. Wem dabei der gedämpfte Altweisston der reinen Kreide nicht ausreicht, mag selbst entscheiden, ob ein Zuschlag von Titandioxid sein muss.

Kaseinfarben sind ein technisch gutes Anstrichmittel für den Innenbereich, das auf fast allen Untergründen eingesetzt werden kann. Sie decken sehr gut, so dass selbst auf gelblichen Lehmputzen, gemusterten Tapeten oder braunen Weichfaserplatten manchmal ein Anstrich ausreichend ist. Kaseinfarben trocknen schnell und werden hoch wischbeständig. Für besondere Anforderungen können Öle oder Harze zugemischt werden, wie das im Kapitel über Temperafarben (Seite 34) beschrieben wird. Um eine wie gewohnt zu verarbeitende Farbe zu erhalten, ist ein Zusatz von Kieselgur und Tonerden möglich. Diese übernehmen die Funktion von Antiabsetz- und Quellmitteln.

Die eigene Herstellung von frischen Kaseinfarben bedarf immer einiger Zeit, da das Kasein in jedem Fall aufgeschlossen werden muss. Das können bei Kalkkaseinfarben nur zehn Minuten sein, bei einer Alkalikaseinfarbe und kaltem Wetter aber auch einmal zwei Stunden. Ein weiterer Nachteil der Kaseinfarben ist, dass sie relativ schnell verderben, also nicht sehr lange lagerfähig sind. Eine Kaseinfarbe ist immer nur wenige Tage haltbar, die «Quarkfarben» sollten am besten am Tag der Herstellung verarbeitet werden. Diese Tatsache empfinden Naturfarbenmaler aber nicht als Nachteil. Sie macht vielmehr eines der wichtigsten Argumente für das Selbermachen deutlich, nämlich die Möglichkeit des Verzichts auf Konservierungsstoffe durch das Arbeiten mit frischer Farbe. Lange bevor die Kaseinleime in Fäulnis übergehen, verlieren sie bereits ihre Bindekraft, das heisst, mit einer einige Tage alten

Kaseinfarbe werden wir keine Wischfestigkeit mehr erreichen. Für einmal abgebundene und durchgetrocknete Farben gilt hingegen, dass sie praktisch unbegrenzt haltbar sind, was viele historische Anstriche in Kirchen, Burgen und Schlössern belegen. Der Nachteil des biologischen Abbauprozesses des Kaseinleims macht die Farbe auf der anderen Seite wieder kompostierfähig. Reste und auch das Waschwasser der Werkzeugreinigung dürfen, bei guter Verteilung, auf den Komposthaufen gekippt werden.

Kaseinfarben sind am verarbeitungsfreundlichsten, wenn sie frisch sind. Durch längeres Stehen werden sie, wie übrigens auch durch längeres Rühren, dünnflüssig. Eine richtig angerührte und frisch eingesetzte Farbe ist wie gewohnt, fast ohne zu tropfen, verarbeitbar. Die bereits angesprochene gute Deckkraft entsteht erst mit dem Trocknen, die Nassdeckkraft von Kaseinfarben ist schlecht. Wer mehrfach über eine Stelle streicht, weil es so scheint, als würde die Farbe nicht richtig decken, wird damit kein besseres Ergebnis erreichen. Beim Trocknen wird die Farbe garantiert von allein schön weiss. Genau wie die Deckkraft ist auch der Weissgrad vom Trockenzustand abhängig. Die beim Streichen also noch etwas transparente und gräuliche Farbe wird beim Trocknen richtig weiss und «undurchsichtig».

Die Verarbeitung wird wie bei anderen Dispersionsfarben vorgenommen. Das alte Malerhandwerk würde wohl die Deckenbürste, umgangssprachlich den Quast, empfehlen, der akkordgewohnte moderne Mensch wird zur Rolle greifen. Der Farbe ist das gleichgültig, dem Anstrich wird man es später ansehen, da spezifische Strukturen in der Oberfläche entstehen. Aber keine Angst, das gleiche gilt ja auch für die gewohnten Baumarktplastikfarben. Auch im Spritzverfahren wurden, nebenbei bemerkt, sehr gute Ergebnisse erreicht. Abweichungen im Weissgrad gibt es von einer Charge zur nächsten nicht, ausser man greift zu anderen Rohstoffen. Wer bunt einfärbt, sollte sich natürlich das genaue Mengenverhältnis, am besten in einer Gewichtseinheit, notieren. Besonders schöne Abtönungen wurden auch schon mit Erfolg eingefroren, ein Versuch, den wir zwar weiterempfehlen, der aber wohl nicht völlig risikolos ist.

Der leichte Molkereiduft, der einige Tage nach dem Renovieren wahrzunehmen ist, verflüchtigt sich rasch. Je nach Temperatur und Luftfeuchtigkeit und nicht zuletzt den Lüftungsmöglichkeiten dauert dies in der Regel zwei Tage bis zu einer Woche. Falls der Geruch als störend empfunden wird, können einige Tropfen Duftöl (Rosmarin, Lavendel, Bergamotte usw.) in die Farbe gegeben werden. Sie werden den Duft übertönen und gemeinsam mit ihm durchs Fenster verschwinden. Abgebundene, trockene Kaseinfarbanstriche sind nicht schimmelempfindlich. Uns ist kein Fall bekannt, in dem eine Kaseinfarbe unappetitlich geworden wäre, ausser dort, wo versucht wurde, Bauschäden zu überdecken, was aber mit keiner Farbe gelingen kann. Kurzzeitig dürfen Kaseinfarben durchaus nass werden, sie trocknen danach ohne Schäden. Das Dunkelwerden im nassen Zustand verschwindet beim Trocknen wieder. Dies darf auch mehrfach erfolgen, wie beispielsweise in Bädern oder Küchen. Nur langfristige Feuchtigkeit sollte nicht riskiert werden. Wer seine Waschküche oder den Gemüsekeller streichen will, möge zu reinen Kalkanstrichen oder Silikatfarben greifen.

Für Kaseinfarben gelten die gleichen Grundregeln des Nass-in-nass-Arbeitens und der Untergrundvorbereitung wie für andere Farben. Wenn kräftige Grundierungen nötig sind, empfiehlt es sich, Kaseinlasuren (siehe Seite 35) einzusetzen.

Kalkkaseinfarbe

Kalkkaseinfarben sind in gewisser Weise als eine «Aufrüstung» der Kalkfarben zu betrachten. Dort, wo aus den unterschiedlichsten Gründen Kalkfarben den Anforderungen nicht genügten, wo beispielsweise eine perfekte Wischfestigkeit erwünscht war, konnte mit einer Zugabe des Kaseinbindemittels die

Klebkraft deutlich erhöht werden. Wir haben das nicht bis zur Rezeptreife getestet, aber durch das Anrühren der Kalkfarben mit Molke wurde in der Vergangenheit mit Sicherheit ein positiver Effekt erzielt. Molke war auch früher als Abfallprodukt der Käseherstellung leicht zu haben, und so ist es wahrscheinlich, dass die Kalkkaseinfarben mindestens so alt wie die Kalkfarben sind.

So wie hier eine Kalkfarbe zusätzlich gebunden wurde, kann man auch eine Kaseinfarbe ansetzen, in der wenig Sumpfkalk als alkalisches Aufschlussmittel für das Kasein dient. Ob man die Farbe letztlich als Kaseinfarbe oder als Kalkfarbe bezeichnet, hängt hauptsächlich vom Mischungsverhältnis ab. Eine solche Farbe ist für alle Putzuntergründe und saugfähigen Papierbekleidungen ausser Gips- und Kunststoffputze geeignet.

Ein Rezept zum Ausprobieren:
75 Prozent Pigmente
20 Prozent Magerquark
5 Prozent Sumpfkalk

Die Pigmente, am besten eine Mischung aus Kreide, Porzellanerde und Kieselgur (aber auch Marmormehle, Füllstoffe und natürlich bunte Erden kommen hier in Frage), werden mit relativ wenig Wasser zu einem dicken Brei angeteigt; als Richtwert können 0,3 Liter Wasser für 1 Kilogramm Pigmente gelten. Der Magerquark wird mit dem Sumpfkalk verrührt und muss mindestens zehn Minuten stehen, um dem Kaseinaufschluss die nötige Zeit zu geben. (Beim Umgang mit Sumpfkalk gelten die gleichen Regeln, wie im Kapitel über Kalkfarben, Seite 39ff., beschrieben.) Anschliessend werden Kalkkaseinleim und Pigmentsumpf gut vermischt und gegebenenfalls mit etwas Wasser bis zur Streichfähigkeit verdünnt. Auch längeres Rühren verdünnt die Farbe. Ein Abtönen mit Buntpigmenten ist wie in allen anderen Fällen problemlos möglich.

Alkalikaseinfarbe (Quarkfarbe)

Zur Herstellung einer Alkalikaseinfarbe wird das Kasein mit einem alkalischen Salz, wir empfehlen Borax, aufgeschlossen. Alkalikaseinfarben haben eine gute Konsistenz und sind auf fast allen Untergründen einsetzbar (alle Putze, Papier- und Textiltapeten, Jutebespannungen, Leichtbau- und Dämmplatten, Holz usw.). Zur naturnahen Herstellung eignet sich Magerquark als Kaseinquelle. Weisse oder auch bunte Erden stellen die Pigmente dar, Wasser ist das ausschliessliche Lösungsmittel. Die Herstellung ist in jedem Haushalt gefahrlos durchführbar. Die Zuhilfenahme eines elektrischen Quirls ist ratsam, da das Rühren von Hand sehr anstrengend werden kann.

Eine Richtrezeptur für einen Alkalikaseinansatz sieht folgendermassen aus:
75 Prozent Pigmente
24 Prozent Magerquark
1 Prozent Borax oder Pottasche

Die Pigmente werden mit Wasser angeteigt. Dieser Pigmentsumpf muss zunächst recht dick sein (auf 7 kg Pigmente z.B. kommen nur 2,5 Liter Wasser). Das Borax wird zweckmässigerweise zunächst in wenig heissem Wasser gelöst, kalt ist es etwas schwer löslich. Anschliessend wird es mit dem Magerquark gründlich verrührt; gut geht das ebenfalls mit dem Elektroquirl. Beide Ansätze sollen nun, jeder für sich, zwei Stunden ruhen. Besonders dem Kasein muss seine Aufschlusszeit gelassen werden. Dem Leim merkt man seine Reife übrigens an: Er wird gelblich transparent und entwickelt den typischen Kaseinleimduft.

Nach der Wartezeit werden die beiden Ansätze zusammengeschüttet und verrührt. Langes Rühren verdünnt die Farbe. Die gewünschte Streichfähigkeit wird durch die entsprechende Wasserzugabe erreicht. Ein technisch guter Farbauftrag besteht grundsätzlich eher aus zwei dünnen als aus einem dicken Anstrich.

Es geht nichts über das Probieren: Versuche mit Kaseinfarbe und Kaseintempera.

Kaseintempera: Der Weg zur Wetterfestigkeit

Kasein ist natürlicherweise ein guter Emulgator. Milch ist bekanntlich eine Mischung aus Wasser und Fetten. Unter normalen Bedingungen trennen diese Komponenten sich nicht; die Emulsion ist sehr stabil. (Wenn wir etwa für eine Sauce Milch verwenden, vermischen sich Fettaugen und Wasserzugaben plötzlich sehr willig. Ähnlich ist es bei der Mayonnaiseherstellung.)

Die Kaseinfarben sind zunächst reine Wasserfarben. Das Kasein dient als Bindemittel. Wir können es aber gleichzeitig als Emulgator nutzen. Praktisch sieht das so aus, dass man natürliche Öle, die im Zusammenhang mit der Holzoberflächenbehandlung ausführlich dargestellt werden (Seite 93ff.), untermischt. Theoretisch kann das in beliebigen Mengenverhältnissen geschehen. Beginnen sollte man immer mit einer kleinen Zugabe, um dann die weitere Menge unter ständigem Rühren langsam hinzuzugeben. Hohe Ölmengen beeinflussen allerdings die Lichtbrechung, so dass die Farbe einen ganz leichten Graustich bekommt. Leinölzugaben führen dazu, dass die Farbe mit der Zeit etwas vergilbt, was reine Kaseinfarben nie tun.

Diese Öl-Wasser-Emulsionsfarbe heisst Tempera. Neben der Kasein- gibt es auch eine Eitempera, die in der Mal- und Anstrichtechnik durchaus Verwendung finden kann, beispielsweise für sehr haltbare Wandlasuren. Kaseintempera wurde früher auch als Plakatmalfarbe eingesetzt, daher kommt wohl auch der Name Plakafarbe, der sich für konservierte Kaseintempera heute noch in Kaufhausregalen findet. Und hier wird der Vorzug von Kaseinfarben mit Ölzusatz deutlich: sie werden bedingt wasser- und wetterfest. Hin und wieder werden auch Aussenfassaden mit solcher Kaseintempera gestrichen, immer dann, wenn keine besondere Strapazierfähigkeit verlangt wird. Das heisst in der Regel unter guten Dachüberständen oder an Fassaden, die alle paar Jahre problemlos wieder überstrichen werden können. Kleine Ölzugaben von 200 bis 400 ml auf 10 Liter Farbe (die allerdings bei der Herstellung am besten in das Bindemittel eingearbeitet werden) verbessern ausserdem die Streichfähigkeit und Verarbeitungsqualität der Farbe. Kaseinfarbe mit Ölzugabe ist cremiger und zieht nicht so schnell an wie reine Kaseinfarbe, das heisst, man hat mehr Zeit, nass in nass zu arbeiten, was die Vorbedingung für einen guten, streifenfreien Anstrich ist. Durch die Ölzugabe «klebt» die Farbe auch besser auf eigentlich zu schwach saugenden Untergründen wie Latex- und Kunststoffdispersionsfarben.

Ein weiteres Einsatzgebiet für Temperafarben ist der künstlerische und dekorative Bereich, auf den wir hier nicht weiter eingehen wollen. Alte Bauernmalereien können meist mit Kaseintempera auf adäquate Weise restauriert werden, auch sonstige Verzierungen auf Holz können dauerhaft und feucht wischfest ausgeführt werden. Je mehr Leinölfirnis zugegeben wird, um so mehr nähert man sich schliesslich einer Ölfarbe an.

Naturharzdispersionsfarben und Holzanstriche mit Kaseinlack

Als Weiterentwicklung solcher Temperafarben sind Naturharzdispersionsfarben zu betrachten. Während das Kasein als Emulgator die Ölzugabe zu Wasserfarben ermöglichte, können im Öl wiederum Harze gelöst werden. Eine Kolophoniumzugabe lässt die Farbe dabei eher vergilben als beispielsweise Dammarharz. (Über die Harze und ihre Verarbeitung mehr auf Seite 96f.) Das Resultat der Harzzugabe ist eine grössere Oberflächenhärte und damit Strapazierfähigkeit. Auch ein Feuchtigkeitsschutz, beziehungsweise Abwaschbarkeit sind so zu erreichen, da die Harze wasserunlöslich sind. Als Anregung für Tüftler in der Farbenherstellung sei hier noch der wasserverdünnbare Naturharzlack für Fenster und Türen, zumindest im Innenbereich, genannt. Durch höhere Öl- und Harzanteile nähert man sich hier einer Lackfarbe.

Ein Rezept zum Ausprobieren könnte wie folgt aussehen:
2 kg Magerquark
90 Gramm Borax
100 ml Leinölfirnis
20 ml Harzöl

Wenn Holz gestrichen werden soll, ist es sinnvoll, Harzgallen (harzreiche Stellen im Holz) zuvor mit Spiritus oder Terpentinöl auszuwaschen und diese Stellen mit Schellack abzusperren. Ungefähr zwei Stunden bevor es losgeht, sollte das in einem halben Liter heissem Wasser aufgelöste Borax mit dem Quark vermischt werden. Nach dem Kaseinaufschluss wird der Quark-Borax-Brei mit dem Leinölfirnis bei laufendem Quirl emulgiert. Dieses Malmittel kann nun mit Wasser verdünnt oder mit Pigmenten eingefärbt werden. Alle diese Farben werden beim Trocknen heller. Es ist also immer wichtig, Probeanstriche durchzuführen.

Kaseinlasuren

Das Wesen der Lasuren ist, dass sie nicht decken. Jedes transparente Bindemittel kann als Lasurmalmittel dienen. Bei der am Anfang genannten Kalkvariante, bei der das Kasein mit Sumpfkalk aufgeschlossen wurde, haben wir durch den Kalk natürlich gleichzeitig Weisspigmente eingetragen. Die Lasur wird also etwas «milchig». Der klare Kaseinleim aus Magerquark und Borax ist hier am besten geeignet. Er sollte allerdings nie unverdünnt eingesetzt werden, da der Anstrich sonst zu spannungsreich wird. Wer einmal mit reinem Kaseinleim arbeitet, wird beobachten können, wie sich die Farbe in kleinen, schüsselförmigen Schuppen vom Untergrund löst. Gemeinhin wird das dann auch als lästiges Abblättern betrachtet.

Der verdünnte Kaseinleim wird mit Buntpigmenten eingefärbt. Es empfiehlt sich, mit sehr wenig zu beginnen. Zum einen sind die bunten Erden und Mineralpigmente sehr intensiv, und zum anderen wirkt die Farbe auf einer grösseren Fläche immer stärker als bei einer kleinen Probe. Wir raten also in jedem Fall dazu, Vorversuche durchzuführen. Entscheidend für die Kräftigkeit der Lasur ist die Menge der Pigmente (zuviel Pigment führt schnell zur Deckfarbe) und die Wasserverdünnung für die Verarbeitbarkeit. Zuwenig Wasser führt zu überbundenen Anstrichen, zuviel Wasser führt zu dünnflüssigen und damit schlecht zu verarbeitenden Lasurfarben. Der Extremfall, dass durch Verdünnung keine Wischfestigkeit mehr gegeben ist, ist relativ unwahrscheinlich, da es sich bei Lasuren ja nur um sehr geringe Pigmentmengen handelt, die gebunden werden sollen. Kleine Ölzugaben, wie bei der Tempera beschrieben, erhöhen die Strapazierfähigkeit und ergeben den «Elefantenhauteffekt». Man kann also eine gegebenenfalls sogar transparente, mattglänzende Schutzschicht auf belastete Bereiche auftragen. Entscheidend für das Ergebnis ist natürlich die Auftragstechnik (mehr dazu im Kapitel über alte Techniken Seite 48ff.).

Ein Rezept zum Ausprobieren:
1 kg Magerquark
50 Gramm Borax
5–50 Gramm Buntpigment
gegebenenfalls etwas Sonnenblumenöl

Kasein als universelles Bindemittel für besondere Effekte

Für die Farbenherstellung wie für die breite Palette ökologischer Baustoffe ist die vielseitige Verwendbarkeit des Kaseins sehr interessant. Neben dem Einsatz in Kalk- und Alkalikaseinfarben und der Verwendung als Emulgator in Temperafarben gibt es noch eine ganze Reihe weiterer möglicher Anwendungen. Tradition haben beispielsweise *Kaseinkleber* und *-leime* (siehe Seite 120ff.).

Durch die Zugabe grösserer Füllstoffmengen zu den oben genannten Kaseinbindemitteln können härtere oder weichere *Spachtelmassen* hergestellt werden. Grössere Füllstoffmengen machen die Masse lockerer in der Bindung; Quarzmehl ergibt härtere Massen oder Kitte als die weichere Kreide.

Der Vollständigkeit halber sind noch die *Kaseinkunstmassen* zu erwähnen. Bekannt ist am ehesten noch das Galalith, das in der Herstellung von Galanteriewaren (Knöpfe, Kämme, Spangen usw.), aber auch für Lichtschalter und Sicherungskästen zur Anwendung kam. Es handelte sich um in Formaldehyd gehärtetes Kasein. Ein besonders interessanter Fall, da hier die Übergangszone von Natur- zu Kunststoffen in Erscheinung tritt.

Kaseinestrich ist eine besondere Mörtelart. Schon lang vor der Erfindung des Zements gab es Estrich. Die berühmten Lehmbauten in Jemen sind gute Zeugnisse des Übergangs vom Stampflehmboden zum Kaseinestrich. Die aus Sand und Füllstoffen angerührten Mörtel wurden mit Faserstoffen bewehrt oder armiert. Dabei kamen von Tierhaaren über Kiefernnadeln bis zu Stroh und Reisig alle möglichen Naturstoffe zum Einsatz. Bei mehrstöckigen Gebäuden wurden die Decken mit ganzen Zweigbündeln stabilisiert, so dass erstaunlich wenig Deckenbalken benötigt wurden. Quarzsand wird immer der beste Zuschlagstoff sein, um die obere Nutzschicht härter zu machen. Ein Einfärben mit bunten Erden ist einfach, eine Erhöhung des Wärmedämmwertes ist ebenfalls möglich, wenn entsprechende Materialien eingearbeitet werden. Das können zum Beispiel Kirschkerne, aber auch alle möglichen geblähten Mineralien sein. Kalk- und Boraxzusätze machen die ganze Mischung uninteressant für Mäuse und mögliche Schädlinge.

Kaseinfarbe, der Hobelspäne zugegeben werden, ergibt eine Art *Rauhfasertapetenanstrich.* Die Bindekraft der Kaseinfarbe ist gross genug, um eine Reihe von Zuschlagstoffen mit zu verkleben. Wenn es Holzspäne sein sollen, können wir nur eigene Versuche empfehlen. Zu feine Sägespäne neigen jedenfalls zum Verklumpen, zu grobe Späne ergeben ein merkwürdiges Bild oder fallen ab. Mittelfeine Späne von Hobelmaschinen haben sich bei unseren Versuchen am besten bewährt. Der Phantasie sind keine Grenzen gesetzt.

Durch Beimengungen von Glimmer zu Kaseinlasuren entstehen *Glitzereffekte.* Am schönsten sieht der Phlogopitglimmer aus, der bei entsprechendem Lichteinfall blinkt und funkelt. Auch eine Vermischung mit Buntpigmenten ist möglich, allerdings nur bei hauchzarten Lasuren. Grössere Mengen Pigmente würden die Glimmerplättchen überlagern und den gewünschten Glitzereffekt zunichte machen.

Silikatfarben (Wasserglasfarben)

Farben auf Wasserglasbasis gehören zu den beständigsten Fassadenanstrichen. Sie können auch nach zwanzig Jahren noch «gut in Schuss» sein. Bekannt war Wasserglas bereits im 14. Jahrhundert. Auf ihrer ständigen Suche nach dem «Stein der Weisen» hatten die Alchemisten diesen mit der Wasserglasherstellung beinahe gefunden, konnten dann aber mit ihrem Produkt nichts anfangen. Da das rein mineralische Wasserglas nicht brennt, wurde es teilweise als Flammschutzmittel auf Holz aufgetragen. Solche Imprägnierungen soll es bereits bei den Kriegsschiffen des Mittelalters gegeben haben. Erst Anfang des 18. Jahrhunderts wurde das Kaliwasserglas ernsthaft zur Farbenherstellung eingesetzt. Bis in die fünfziger Jahre wurden Silikatfarben aus Wasserglas und selbstgemischtem Farbbrei zubereitet.

Silikatfarbenanstriche unterscheiden sich von den bisher behandelten Leimfarben durch eine völlig andere Art des Abbindens. Wasserglas trocknet zwar auch, aber der entscheidende Punkt ist die Verkieselung unter CO_2-Aufnahme aus der Umgebungsluft. Es liegt also eine regelrechte chemische Reaktion vor, die zu einer sehr innigen Verbindung der Farbe mit dem Untergrund führt. Das Wasserglas verschmilzt sozusagen mit den Quarzanteilen des Untergrundes und umschliesst dabei die Pigmentteilchen, so dass diese dem Anstrich nur sehr schwer entrinnen können. Diesen Vorgang könnte man auch als Versteinerung oder Verglasung bezeichnen. Hier wird auch schon deutlich, dass Silikatfarbenanstriche ausschliesslich auf verkieselungsfähigen, also quarzsandhaltigen Untergründen sinnvoll sind.

Die Chemie des Wasserglases

Im Mineralreich sind Siliciumdioxid und Kieselsäureverbindungen, Silikate genannt, sehr weit verbreitet. Sie bilden den wesentlichen Anteil aller Gesteine und Mineralien der festen Erdrinde. Basalt, Gneis, Granit, Sandstein, Ton, Tonschiefer usw. bestehen zum grössten Teil aus Quarz und Kieselsäureverbindungen. Doch auch im Pflanzenreich kommen sie vielfach vor, so etwa in den Halmen vieler Gräser. Sehr reichlich ist Kieselsäure zum Beispiel im Schachtelhalm enthalten. Das ist auch der Grund, warum man Schachtelhalm als Poliermittel für Schellackpolituren einsetzt.

Wasserglas ist, vereinfacht gesagt, geschmolzener Quarzsand und damit so etwas wie wasserlösliches Glas. Das muss nun allerdings etwas präzisiert werden. Zur Herstellung von Kaliwasserglas (K_2SiO_3) werden Quarzsand und Pottasche bei 1400 °C zusammengeschmolzen, wobei CO_2 freigesetzt wird. Die kohlensäurefreie Schmelze erstarrt beim Abkühlen zu einer Art Glasblock, der später wieder zermahlen wird. Die anschliessende Behandlung mit Wasserdampf führt unter grosser Hitze und hohem Druck zu einer Verflüssigung. Dieses flüssige Wasserglas ist nun bestrebt, das verlorene CO_2 wiederzugewinnen und muss daher unter Luftabschluss aufbewahrt werden. Kommt es in Anstrichen wieder an die Umgebungsluft, nimmt es langsam CO_2 auf und verkieselt. Es entsteht sozusagen aus dem flüssigen Quarzglas eine kieselsteinharte Verbindung, und der Kreislauf ist geschlossen.

Heutige Industriesilikatfarben

Die Farbenindustrie ist mehr und mehr dazu übergegangen, den Silikatfarben unverseifbare Kunststoffanteile zuzusetzen, um sie einfacher und universeller einsetzbar zu machen. Eine rein wasserglasgebundene Silikatfarbe könnte beispielsweise nie auf Tapeten verstrichen werden, da dort der verkieselungsfähige Untergrund fehlt. So entstanden die Dispersionssilikatfarben als «idiotensichere» Variante. Dass hier keine rein mineralische Farbe mehr vorliegt, ist der wesentliche Nachteil. Hinzu kommt der Lösungsmitteleinsatz und die für uns nicht endgültig beantwortete Frage, ob diese Farben langfristig dampfoffen bleiben.

Um den komplizierten Aufbau eines solchen Anstrichmittels mit all seinen Zusatzstoffen einmal zu verdeutlichen, folgt hier eine Richtrezeptur für Kunststoffdispersionssilikatfarben. Es dürfen 5 Prozent Kunststoffanteile enthalten sein. Diese 5 Prozent beziehen sich allerdings nicht auf die gesamte Farbe, sondern auf den Aschegehalt. Bezogen auf den reinen Bindemittelanteil ist es so, dass Wasserglas und Kunststoff in einem Verhältnis von ungefähr 1:1 stehen. Die Zusammensetzung einer Dipersionssilikatfarbe für den Aussenbereich kann beispielsweise so aussehen:

29 Prozent Wasserglas (ca. 30prozentig)
7 Prozent Kunststoffdispersion (ca. 50prozentig)
34 Prozent Füllstoffe
6 Prozent Pigmente
24 Prozent Wasser und Additive

Im getrockneten Anstrich sind das dann 18,5 Prozent Wasserglas, 15,5 Prozent Kunststoff, 60 Prozent Füllstoff und 8 Prozent Pigment. Das Kunststoffbindemittel ist vorwiegend eine Acrylatstyroldispersion, ferner sind in der Kunststoffdispersionsilikatfarbe, wenn auch nur in geringen Mengen (1–2 Prozent), weitere kritische Stoffe enthalten: aromatenhaltiges Testbenzin, aliphatische Lösungsmittel als Filmbildehilfsmittel, paraffinisches Mineralöl als Entschäumer, Paraffin zur Erhöhung der Schlagregenfestigkeit sowie Dispergier- und Netzmittel. Die Bequemlichkeit hat ihren Preis.

Silikatfarbe selbst angerührt

Zuallererst sei noch einmal gesagt, dass Wasserglas hoch alkalisch ist. Das ist an sich nichts Schlimmes, doch bei einem ph-Wert von 12 ist es dringend geraten, eine Schutzbrille zu tragen. Auch Hautpartien, die mit Wasserglas in Berührung gekommen sind, sollten baldmöglichst mit viel Wasser abgewaschen werden.

Wasserglas wird im Handel in konzentrierter Form angeboten, wobei man nur darauf achten muss, Kaliwasserglas zu erhalten. Dieses wird mit weichem Wasser, also möglichst kalkfreiem Regenwasser oder destilliertem Wasser, verdünnt. Für Deckfarbe macht man einen Verdünnungsansatz von 1:1, für Grundierung wird nur die halbe Menge Wasser hinzugegeben. Der Ansatz der Pigmente erfolgt ebenfalls 1:1 mit Wasser, wobei in den Pigmenten ein guter Anteil (etwa ein Drittel) Quarzmehl enthalten sein sollte. Die beiden Komponenten werden nun gut vermischt, und der Probeanstrich kann beginnen. Die Farbe muss matt auftrocknen. Sollte sie nach der genannten Zeit noch kreiden, also abfärben, muss der Bindemittelanteil erhöht werden. Sollte der Anstrich etwas glänzend oder glasig wirken, muss der Pigmentanteil erhöht beziehungsweise eine leichte Verdünnung vorgenommen werden.

Das Einfärben erfolgt mit wasserglasechten Pigmenten, denen verkieselungsfördernde Zusätze beigemengt werden. Geeignet sind auf jeden Fall weisse und bunte Erden. Sie sollten nicht verschnitten, sondern rein sein, um keine unliebsamen Überraschungen zu erleben. Alle gips-, blei- und chromhaltigen Pigmente eignen sich nicht. Für gute weisse Anstriche im Fassadenbereich setzen wir mittlerweile Marmormehle ein, die in diesem Zusammenhang eine Alternative zu Titanweiss darstellen.

Die Ausführung der Wasserglasanstriche

Als erstes muss sichergestellt werden, dass ein geeigneter Untergrund vorliegt. Im Prinzip sind das alle quarzsandhaltigen Mörtelputze, wie beispielsweise Kalk-, Lehm- oder Zementputze. Auch Natursteine und künstliche Steine aus Ton und Sand sind geeignet. Im Zweifelsfall ist dringend ein Vorversuch angeraten. Die Untergründe müssen sauber, am besten unbehandelt oder nur mit Silikatfarben gestrichen sein. Völlig ungeeignet sind Gipsputze und Gipskartonwände sowie Kunststoffputze und sogenannte Binderfarbenanstriche. Öl-, Kalk-, Leim- und Lackfarbenanstriche sind ebenfalls ungeeignet (hier hätte Wasserglas eher die Funktion eines Abbeizers).

Der Untergrund ist sodann sorgfältig vorzubereiten. Frische Kalk- und Zementputze sollen mindestens zwei bis drei Wochen getrocknet sein. Sie werden abgebürstet und entstaubt. Alte Putze werden zunächst auf ihre Tragfähigkeit hin überprüft. Lose Putzteile müssen abgeklopft und mit Silikatspachtel ausgebessert werden. Die Fläche wird ebenfalls abgebürstet und entstaubt; alte Silikatfarbenanstriche sind, soweit sie lose sind, ebenfalls zu entfernen.

Wie oben erwähnt, sollten als persönliche Schutzmassnahme Schutzbrille und gegebenenfalls Handschuhe getragen werden. Auch ist dringend geraten, in der Umgebung Glas, Klinker, Fliesen und Metallteile abzudecken, da sie von der Kieselsäure angegriffen werden. Als erstes wird grundiert. Der Grundanstrich sollte auf jeden Fall mit dem Quast erfolgen, da nur so der intensivste und innigste Auftrag erreicht wird. Am besten eignet sich ein kurzhaariger Quast. Bei sehr stark saugenden Untergründen, das heisst bei Putzen, die die Wasserglaslösung innerhalb von Sekunden vollständig aufsaugen, muss zweimal grundiert werden. Eine normale Saugfähigkeit liegt vor, wenn der Putz für einige Minuten feucht glänzend bleibt.

Grundsätzlich sollte nicht bei strahlendem Sonnenschein gestrichen werden. Die beste Verarbeitungstemperatur liegt zwischen 5 und 20 °C. Frost und Schlagregen sind selbstverständlich auszuschliessen. Eine kräftige CO_2-Zufuhr beschleunigt die Abbindezeit. Früher stellte man darum in den frisch gestrichenen Räumen Becken mit glühenden Kohlen auf. Als Versuch könnte man auch mit Mineralwasser arbeiten, da die enthaltene Kohlensäure unmittelbar zur Verkieselung führt.

Wichtig ist ein zügiges Arbeiten nass in nass und ein dünner, gleichmässiger Farbauftrag. Um einen streifenfreien Anstrich zu erreichen, ist es sinnvoll, dass mehrere Personen zugleich an einer Fassade arbeiten. Falls ein Deckanstrich mit der Rolle gewünscht wird, empfiehlt es sich, eine kurze Schurlänge zu wählen. Bei sommerlichen Temperaturen ist der Anstrich nach zwei bis drei Stunden spritzwasserfest und nach acht Stunden nassabriebfest.

Der Anstrichaufbau erfolgt bei Silikatfarben anders als bei Ölfarben von fett zu mager. Das heisst, während die Grundierung relativ konzentriert ist, werden alle Folgeanstriche immer schwächer gebunden. Der Verbrauch liegt bei glatten Untergründen und zweimaligem Anstrich bei rund 600 Gramm pro Quadratmeter. Es sollte immer nur soviel Farbe angerührt werden, wie am gleichen Tage verarbeitet werden kann. Das offene Wasserglas verkieselt sonst auch im Gebinde und wird keine guten Anstriche mehr ergeben. Eine begrenzte Lagerung in Kunststoffgefässen unter Luftabschluss ist jedoch möglich.

Die Eigenschaften von reinen Wasserglasfarben

Wasserglasfarben sind wasch- und scheuerbeständig, die Witterungsbeständigkeit ist sehr gut. Sie sind ausserdem unempfindlich gegen Chemikalien, Industrieabgase und klimatische Unbilden wie Tropen- und Seeklima. Die Fassadenverschmutzungsgefahr ist gering. Die Wasserdurchlässigkeit ist sehr gross (erst recht gilt dies natürlich für Wasserdampf), das heisst, der Anstrich kann schnell Wasser aufnehmen, es aber auch genauso schnell wieder abgeben. Die Wasserdampfdurchlässigkeit ist sehr hoch, die Diffusionswiderstandszahl liegt zwischen 300 und 400 (bei Kunststoffdispersionssilikatfarben steigt der Diffusionswiderstandsfaktor bis auf 1000).

Wasserglasanstriche haben somit keine hydrophobierenden Eigenschaften. Dies sei noch einmal hervorgehoben, da es in diesem Zusammenhang oft zu Missverständnissen kommt. Es gibt nämlich Präparate zum Abdichten, insbesondere von Mauersockeln, gegen aufsteigende Feuchtigkeit, die allerdings ganz spezielle Zubereitungen von modifiziertem Wasserglas enthalten. Da reine Wasserglasfarben nur mineralische Bestandteile haben, sind sie nicht elastisch, das heisst, sie können nicht rissüberbrückend eingesetzt werden. Wasserglas ist wegen seiner starken Alkalität fungizid und hat antibakterielle Eigenschaften, darum sind Silikatfarbenanstriche die beste Alternative für Feuchtraumanstriche, wenn die Untergründe geeignet sind. Die Unbrennbarkeit macht Wasserglas als Komponente von Flammschutzmitteln interessant. Es sind heute einige Pasten oder Massen mit Silikatanteilen auf dem Markt.

Wasserglaslasuren können ebenfalls hergestellt werden, indem der Zwischenanstrich leicht eingefärbt wird. Der Untergrund sollte allerdings bereits möglichst hell, am besten weiss sein, damit überhaupt eine Tiefenlichtreflektion stattfinden kann. Genaue Ausführungsangaben fehlen noch, da solche Arbeiten selten ausgeführt werden, Versuche sind aber mit Sicherheit sehr interessant.

Kalkfarben

Kalk ist eines der ältesten und bekanntesten Materialien zum Mauern und Verputzen. Auch für Anstrichzwecke findet es von alters her Verwendung. Die ältesten Kalköfen sind aus der Zeit um 2500 v. Chr. aus Mesopotamien bekannt. Die Kunst der Kalkbrennerei verbreitete sich zunächst über den

Vorderen Orient nach Griechenland, um später von den Römern übernommen zu werden. So gelangte das Wissen über den Umgang mit Kalk schliesslich auch zu den Germanen, und im frühen Mittelalter wurde in den meisten Klöstern und Burgen Kalk gebrannt. Es wurde bald die Aufgabe der Bauern, den Branntkalk mit speziellen Kalkwagen auszuliefern, und das Weisseln und Mauern mit Kalkmörtel setzte sich allgemein durch.

Was ist Kalk?

Kalk ist zunächst ein Sammelbegriff für alle möglichen kalkhaltigen Natursteine, die wir im Gelände finden. Der Steinbruch liefert eine Vielzahl von Kalksorten, die sich in ihren Eigenschaften stark unterscheiden. Wir können hier nur einige für unser Thema interessante Beispiele nennen:

Kreide ist ein sehr weiches Kalkgestein von direktem organischem Ursprung. Sie besteht hauptsächlich aus den Schalen von Foraminiferen, das sind Kammerlinge oder Porentierchen. Deren Skelette haben sich seit dem Kambrium ganz wesentlich am Aufbau der Erdrinde beteiligt, indem ihre Sedimente den Boden der Meeresbecken bildeten. Heute finden wir Kreide oberirdisch in zahlreichen Lagerstätten unterschiedlicher Reinheit. Die Kreide wird im Zusammenhang mit Farben hauptsächlich als Füllstoff und Weisspigment eingesetzt.

Muschelkalk ist ebenfalls noch nahe am Ursprung; manchmal kann man im Muschelkalk wunderschöne Abdrücke prähistorischer Muscheln und Schnecken entdecken. Diese Kalke wurden meist zerrieben und umgelagert, so dass man ihren Ursprung nur selten mit blossem Auge erkennen kann. Die Mineralogen unterscheiden diese Ablagerungen noch nach ihrer spezielleren Herkunft, beispielsweise als Korallenkalk usw. Dies ist die bedeutendste Quelle für grosse Kalkvorkommen bis hin zu ganzen Gebirgen wie beispielsweise den Kalkalpen oder dem Jura.

Dolomit ist eine Verbindung von Kalk mit im Meerwasser gelöstem Magnesium, eine Mischung aus Calcium- und Magnesiumkarbonat. Anders als bei der Kreide, in der man noch mikroskopisch kleine Skelette erkennen kann, gibt es hier keine organische Struktur. Dolomit ist in verschiedenen Sorten, oft gräulich und bräunlich gefärbt, anzutreffen. Er ist härter als Kreide.

Kalksinter könnte man fast als natürlichen Leichtbaustein bezeichnen. Es handelt sich um ausgefällten Kalk, also die mineralischen Ausscheidungen stark kalkhaltiger Quellen. Bekannt sind die sogenannten Sinterterrassen oder Tropfsteingebilde in vielen Höhlen, manchmal entstehen regelrechte Tuffsäulen über unterseeischen kalkreichen Quellen.

Marmor ist durch hohen Druck und entsprechende Temperaturen umgeformtes Kalkgestein. Die Metamorphose hat hier zu einem deutlich kristallinen, dicht gepackten Material geführt. Nicht alles, was als Marmor gehandelt wird, hat diesen Namen auch wirklich verdient. Es gibt eine fast unüberschaubare Menge von unterschiedlich gezeichneten und gefärbten Marmorsorten.

Trasskalke gehören zu den hydraulischen Kalksorten, welche auch unter Wasser abbinden können. Das heisst, sie benötigen kein Kohlendioxid. Wie auch die Puzzolanerden werden sie gelegentlich als Naturzement bezeichnet. Die eigentliche Puzzolanerde stammt aus Puteoli bei Neapel, es gibt aber eine Reihe weiterer Fundorte im Mittelmeerraum.

Naturkalkstein kann für den Wegebau verwendet werden, indem man nach dünnen Platten sucht, oder man kann ihn in Blöcken aus dem Berg schneiden, um Bausteine zu erhalten. Berühmte Bauwerke wie das Ulmer Münster sind aus solchen «natürlich gewachsenen» Kalksteinen gebaut. Interessant wird der Kalk im Bereich der Naturbaustoffe aber erst durch das Brennen. Dabei machen wir uns einen natürlichen Reaktionskreislauf zunutze, um Anstriche auszuführen.

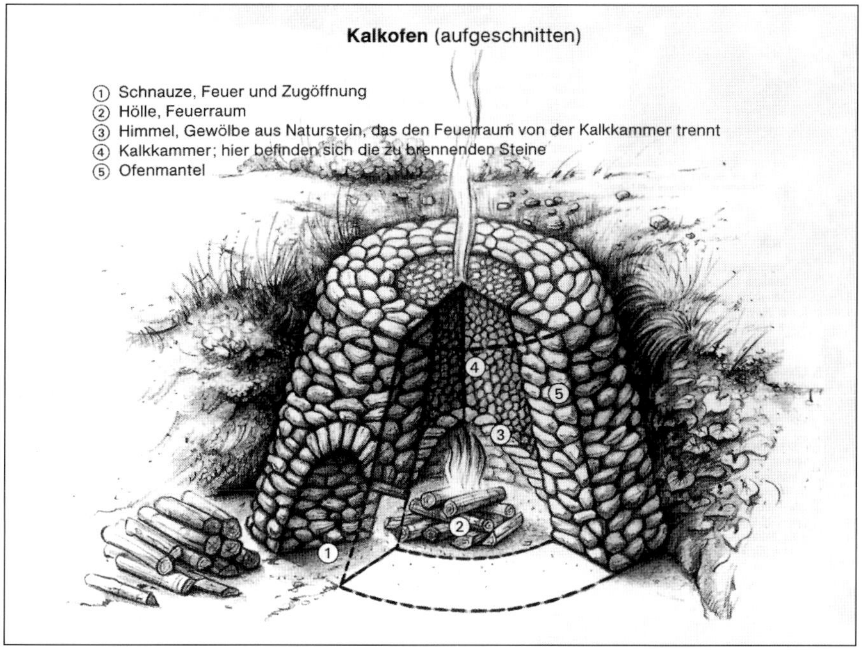

Kalkstein besteht aus einer Verbindung von Calcium, Kohlenstoff und Sauerstoff: $CaCO_2$ = Calciumcarbonat. Wird Kalkstein erhitzt (gebrannt), beginnt sich diese Verbindung zu lösen, und aus dem Stein entweicht das Kohlendioxid (CO_2). Damit beginnt der unten im Detail gezeigte und beschriebene Kalkkreislauf.

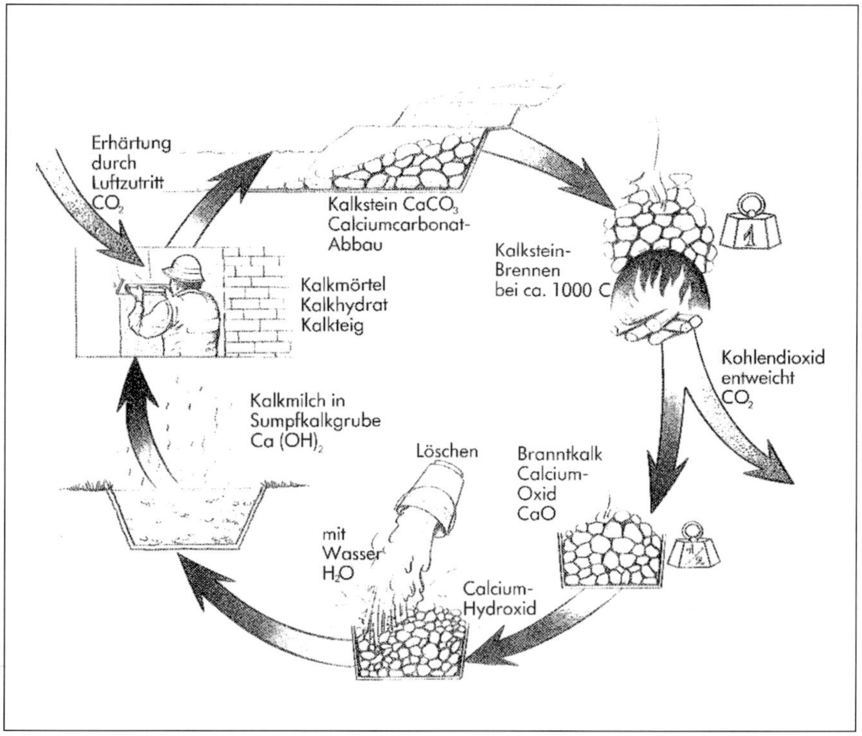

Der Kalkkreislauf

Der Kalkkreislauf

Kalk wird oft in recht reiner Form gefunden. Es handelt sich dabei um eine Verbindung von Calcium mit Kohlenstoff und Sauerstoff, das sogenannte Calciumcarbonat ($CaCO_2$). Beim Brennen, das heisst durch starke Erhitzung, wird diese Verbindung gelockert, und das Kohlendioxid löst sich aus dem Verband, es entweicht CO_2. Ausserdem geht sogenanntes Kristallwasser verloren, Wasser, das im Stein eingebaut, aber nicht sichtbar ist. Bei diesem Vorgang verliert der Kalkstein etwa die Hälfte seines Gewichts: aus dem Calciumcarbonat ist ein Calciumoxid geworden.

Dieser Brannt- oder Stückkalk wird im nächsten Schritt gelöscht, das heisst ihm wird wieder Wasser zugeführt. Durch diese Wasseraufnahme entsteht aus dem Calciumoxid das sogenannte Calciumhydroxid. Dieses stellt auch den sogenannten Sumpfkalk dar. Wenn wir dieses Calciumhydroxid nun mit der Umgebungsluft in Verbindung bringen, wird es selbsttätig wieder CO_2 aufnehmen. Beim Vermauern oder Vermalen dreht sich also der geschilderte Prozess um, das Hydroxid karbonatisiert wieder, und am Ende steht Calciumcarbonat oder eben Kalkstein. Mörtel oder Anstriche versteinern also, wobei sie die Härte des Kalksteins erreichen.

Das Kalkbrennen

Kalkstein wird im Steinbruch gebrochen und gelangt in ebendiesen Brocken zum Brennen. Traditionell wurden hierzu kleine Meiler gebaut, ähnlich wie man sie auch aus der Holzkohleherstellung kennt. Die Kalksteine wurden aufgeschichtet, dicke Brocken in der Mitte, kleinere mehr zum Rand hin. Hin und wieder wurde ein Rundholz dazwischengelegt, das später abbrannte und so einen Luftkanal für die heissen Brenngase bildete. Solch ein Brand dauerte drei bis fünf Tage, pro Kubikmeter Kalk wurden 1,5 Kubikmeter Feuerholz verbraucht.

Heute wird bei der Kalk- wie auch bei der Zementbrennerei vielfach Müll oder sogar Sondermüll (Altöl, Autoreifen, Filterstäube usw.) als Heizmaterial eingesetzt. Es sollte für die Naturfarbenherstellung möglichst nur Kalk verwendet werden, der holz- oder gasgebrannt ist. Am günstigsten wäre es natürlich, regionale Kalkbrennereien zu schaffen beziehungsweise vorhandene Betriebe zu unterstützen. Die Qualität eines gebrannten Kalks lässt sich am Gehalt von Sulfatverbindungen bestimmen. Ein Anteil von unter 0,02 Prozent kennzeichnet guten Branntkalk.

Der Kalkstein wird bei 900 bis 1200 °C zur Weissglut gebracht. Durch das Entweichen von CO_2 und Kristallwasser verliert der Kalk rund 44 Prozent seines Gewichtes, der zurückbleibende Branntkalk ist also merklich leichter. Da das Calciumoxid immer noch in grossen Stücken vorliegt, spricht man auch oft von Stückkalk. Dieser Stück- oder Branntkalk ist kaum lagerfähig, da er extrem hygroskopisch ist und sich das verlorene Wasser aus der Umgebung schnellstmöglich zurückholt. Würde man Branntkalk offen herumliegen lassen, könnte man bald feststellen, dass er seine typischen Eigenschaften, nämlich die bereits genannte Karbonatisierungsfähigkeit, verloren und kräftig an Gewicht zugenommen hätte. Man kann Stückkalk theoretisch zum Entwässern benutzen, man sollte sich aber auch vor ihm in acht nehmen, da das unfreiwillige «Löschen» recht unsanft verlaufen kann.

Das Löschen von Branntkalk

Das Löschen von Branntkalk ist sozusagen eine kontrollierte Rückgabe des beim Brennen entzogenen Wassers. Im Zusammenhang mit dem Löschen sind sorgfältige Sicherheitsvorkehrungen zu treffen. Gummistiefel, Gummihose und -jacke sowie lange Gummihandschuhe und am besten ein Vollgesichtsschutz sind zum Schutz vor Verätzungen unentbehrlich. Auf keinen Fall darf ein Branntkalkspritzer auf die Haut oder gar ins Auge kommen.

Zum Löschen des Branntkalks wird am besten eine hitzebeständige Wanne genommen. Zuerst wird der Branntkalk in das Gefäss gefüllt, dann anschliessend langsam gelöscht. Das Wasser fügt man mit einer Giesskanne in nicht zu grossem Schwall hinzu. Schon nach wenigen Minuten entwickeln sich hohe Temperaturen, die freiwerdende Reaktionswärme dieses exothermen Prozesses kann das Ganze zum Kochen bringen.

Theoretisch beträgt der Wasserbedarf eines Kilogramms Branntkalk 322 Gramm oder Milliliter. Gerade am Beginn des Löschvorgangs muss aber mit einem Wasserüberschuss gearbeitet werden, da durch die hohen Temperaturen relativ viel Wasser durch Verdunstung verlorengeht. Wird zuviel Wasser hinzugegeben, so «ersäuft» der Kalk. Der Branntkalk ist dann nicht in der Lage, die hohen Temperaturen, die für ein sauberes Löschen nötig sind, das heisst Temperaturen von 100 bis 400 °C, zu erreichen. In der Praxis kann man mit 0,5 Liter Wasser pro Kilogramm Branntkalk rechnen. Die genaue Menge ist von Branntkalk zu Branntkalk verschieden. Während des langsamen Löschens wird die Masse mit einer Harke gut vermischt, um gleichmässige Reaktionen zu begünstigen. Ist der Sumpfkalk ausreichend gelöscht, wird er aus der Wanne in die Sumpfkalkgrube gefüllt.

Die Sumpfkalkgrube

Früher hatte fast jeder Bauer oder Maler seine Sumpfkalkgrube. Das Anlegen solcher Gruben war nicht schwer. Es wurde ein mindestens zwei Meter tiefes Erdloch gegraben, da der Sumpfkalk frostfrei, das heisst, am besten bedeckt von einem Meter Wasser, gelagert werden musste. Auch im Sommer müssen ein paar Zentimeter Wasser über dem Sumpfkalk stehen, um einen Luftabschluss zu gewährleisten. Zum Vermauern reicht es, wenn der Sumpfkalk ein paar Monate eingesumpft wurde, für Anstricharbeiten sollte er möglichst zwei Jahre alt oder älter sein. Der Sumpfkalk ist, wenn er frostfrei gelagert wird, unbegrenzt haltbar. Je älter, desto besser!

Durch langes Lagern ist eine vollständige Löschung aller Calciumoxidteilchen sichergestellt, so dass es später bei der Verarbeitung nicht zu einem unangenehmen Nachlöschen kommen kann (siehe unten, Weisskalkhydrat). Traditionell wurde der obere Teil des Sumpfkalkteigs aus der Grube für Anstrichzwecke benutzt. Etwa enthaltene Sandkörner, Salze oder Steinchen hatten sich mit der Zeit im unteren Bereich der Grube gesammelt, aus dem der Sumpfkalk für Maurerarbeiten entnommen wurde. Als wir vor einigen Jahren eine sechsundzwanzigjährige Sumpfkalkgrube im Allgäu geschenkt bekamen und diese selbst abbauten, konnte man diese Phänomene gut beobachten. Der zähe Teig ist sehr schwer, und beim Abstechen mit dem Spaten ist uns dann doch etwas Sumpfkalk in die Gummistiefel gelaufen. Da kann man dann die Aktivität des Sumpfkalks auf der eigenen Haut erfahren!

Und somit sei zuletzt noch darauf hingewiesen, dass der Sicherung solcher Kalkgruben ganz grosse Wichtigkeit zukommt. Ein paar Bretter reichen nicht aus – die Katze und auch ein Kind können in einer solchen Grube auf Nimmerwiedersehen verschwinden. Man greift also zu schweren Eisen- oder Betonplatten und verschliesst die Grube auf stabile Art.

Weisskalkhydrate

Pulverförmiger Weissfeinkalk in Säcken ist ein teilgelöschter Branntkalk. Er wird in Säcke abgefüllt gehandelt und ist für Anstrichzwecke ungeeignet. Da nicht alle «Kalkteilchen» gelöscht sind, kommt es beim Anstrich zu einem Nachlöschen. Da hierbei eine Volumenzunahme entritt, entstehen Kalkauslöser, das heisst, kleine Farbteilchen werden abgesprengt; der Anstrich ist nicht wischfest, geschweige denn wetterfest.

Der Kalkanstrich

Ein guter Kalkfarbenanstrich ist nur auf einem alkalischen Putz möglich, das heisst einem Kalkputz, der nur ein paar Stunden bis einige Monate alt ist. Um die Alkalität des Putzes zu testen, kann man sich Indikatorpapiere aus der Apotheke holen. Nur auf diesem alkalisch reagierenden Putz ist eine saubere Karbonatisierung möglich. Sie stellt die eigentliche Verfestigung des Kalks dar, und macht die Qualität des Kalkanstrichs aus. Zu einer guten Karbonatisierung gehört ausserdem ausreichende Feuchtigkeit. Das Wasser bildet mit dem CO_2 aus der Umgebungsluft Kohlensäure. Diese reagiert mit dem alkalischen Sumpfkalk, und es entstehen Kalzitkristalle aus neutralem Calciumkarbonat, der sogenannte Kalkstein. Wenn nicht genug Wasser zur Bildung der Kohlensäure zur Verfügung steht, trocknet der Sumpfkalk nur aus, und der Anstrich kreidet nach dem Trocknen. Zu trockene Putze sollten also gegebenenfalls vorgenässt werden. Auch bei verhältnismässig hohen Temperaturen über 12 °C ist dies sinnvoll. Die ideale Verarbeitungstemperatur liegt zwischen 8 und 20 °C. Bei direkter Sonneneinstrahlung sollte nicht gestrichen werden. Wenn der Putz neutral, also völlig abgebunden ist, hat der Kalkanstrich mehr die Qualität eines weissgewischten Kuhstalls, der Anstrich färbt ab. Immerhin bietet er noch eine leicht antiseptische Wirkung.

Kalkfarbenanstriche auf nichtalkalischen Untergründen wie abgebundenen Kalk- oder Kalkzementputzen, neuem und altem Lehmputz, Gipsputz und alten Kalkfarbenanstrichen sind nicht wetterbeständig. Daher ist es sinnvoll und handwerkliche Praxis, den Kalkfarben andere Bindemittelzusätze beizugeben. Dies sind vorwiegend Eiweissverbindungen, wie wir sie bei den Kaseinfarben kennengelernt haben: Quark, Kasein, Blut oder auch Hühnereiweiss. Der Kalk dient hier nur noch nachrangig als Bindemittel, vor allem stellt er das Weisspigment dar. Natürlich ist er für den Kaseinaufschluss unentbehrlich.

Kalkanstriche sind pilztötend und lassen einen ungehinderten Wasserdampfaustausch zwischen Luft und Untergrund zu. Kalkanstriche eignen sich im Innen- und Aussenbereich, an Fassaden im Bereich industrieller Abgase sind sie jedoch ungeeignet. Durch den SO_2-Gehalt in der Luft wird das Calciumkarbonat (Kalkstein) in Calciumsulfat (Gips) umgewandelt – und Gips ist im Aussenbereich unbrauchbar.

Mögliche Zusätze zu Kalkfarben

Die im folgenden genannten Mengenangaben sind nicht als starre Rezepturen zu verstehen. Es handelt sich vielmehr um Zahlen, die sich in der Praxis als günstig bewährt haben. Da jeder Untergrund unterschiedliche Voraussetzungen mit sich bringt, kann es sinnvoll sein, eigene Variationen zu versuchen. Ein Probeanstrich ist ohnehin immer ratsam. Mit Sumpfkalk ist hier immer der unverdünnte Kalksumpf gemeint, wie er aus der Grube kommt.

Die *Wetterfestigkeit* von Kalkanstrichen kann, wie bereits erwähnt, durch Kaseinzugaben deutlich erhöht werden. Die Zugabe erfolgt im Deckanstrich, und zwar in einer Menge von bis zu 4 Kilogramm Magerquark auf 20 Liter Sumpfkalk. 4 Kilogramm Quark entsprechen etwa 500 Gramm Kasein. Dies zur Information, falls jemand Kaseinpulver benutzen möchte. Die zusätzliche Bindung erlaubt auch die Zugabe einer höheren Menge von Buntpigmenten, so dass kräftigere Farbtöne erzielt werden können.

Durch *Ölzugaben* kann die Sprödigkeit von Kalkanstrichen herabgesetzt werden. Dies empfiehlt sich besonders im Grundanstrich, bei dem auf 20 Liter Sumpfkalk bis zu einem halben Liter Leinöl oder Leinölfirnis zugesetzt werden kann. Aus der Verbindung entstehen wasserunlösliche Kalkseifen. Der Anstrich wird dadurch ausserdem porenfüllender und damit auch wetterfester; insofern kann es auch sinnvoll sein, hier Standöle zu benutzen, wie das später für Ölfarben erklärt wird.

Karbonatisierungshilfen können zu einem hochwertigeren Anstrich führen. Es handelt sich um mineralische Pulver oder Feinsände unterschiedlicher Korngrössen, die den Anstrich auflockern. Hierdurch wird der bessere Zugang der Kohlensäure zum Karbonatisierungsort hergestellt. Es können beispielsweise 1 bis 1,5 Kilogramm Quarzmehl oder 1 Kilogramm Bimsmehl auf 20 kg Sumpfkalk zugesetzt werden.

Die *Streichfähigkeit* von Kalkfarben ist ungewohnt, meist sind sie sehr dünnflüssig und «kleckerig». Ein leichtes Eindicken mit Xanthan (ein natürliches Gummi, das auch in Lebensmitteln vielfach eingesetzt wird) ist problemlos möglich. Hierdurch wird ausserdem das Wasserrückhaltevermögen verbessert. Die Farbe trocknet langsamer, und die Karbonatisierung hat sozusagen mehr Zeit, da die Feuchtigkeit nicht so schnell verlorengeht. Geeignet ist eine Menge von 100 g Xanthan auf 20 Liter fertige Kalkfarbe. Nicht zusetzen sollte man, wie es früher oft gemacht wurde, Kochsalz oder Heringslake, da hierdurch das Wasserbindevermögen so gross wird, dass dies langfristig zu Ausblühungen führt.

Zum *Abtönen* können 20 Liter Sumpfkalk bis zu 1 Kilogramm kalkechte Pigmente zugesetzt werden. Das sind vor allem die Erdpigmente. Bei anderen muss geklärt werden, ob sie sich mit dem alkalischen Anstrichmittel vertragen und kein Farbumschlag erfolgt. Durch die begrenzte Menge an Pigmenten, die ein echter Kalkanstrich einbinden kann, wird der Farbton immer nur pastellartig sein. Wenn Kasein oder Magerquark zugesetzt wird, können allerdings in grösseren Mengen Buntpigmente eingerührt werden.

So mache ich einen Kalkanstrich

Der Kalkanstrich erfogt in drei bis fünf Arbeitsgängen. Dazwischen sollten jeweils Trockenzeiten von mindestens 12 Stunden liegen. Alle Anstriche sollten sehr dünn, das heisst mit sogenannter Kalkmilch aus verdünntem Sumpfkalk erfolgen. Bei Analysen hat man historische Anstrichaufbauten gefunden, die auf 4 mm Schichtdicke 40 Kalkfarbenanstriche aufwiesen. Der Verbrauch liegt bei etwa 150 g Sumpfkalk pro Quadratmeter, und zwar bei einem dreimaligen Anstrich. Der Anstrich erfolgt am besten mit einem Quast und wird im Kreuzgang ausgeführt, das heisst, dass wechselweise waagerecht und senkrecht übereinander, also in sich kreuzenden Bahnen gestrichen wird. Nur so ist gewährleistet, dass eine gute Einarbeitung in den Untergrund stattfindet.

Vor Beginn der Anstricharbeiten sollte die Fläche gereinigt werden. Eventuell ist es angezeigt, lose Putzteilchen und Sandkörner mit dem Reibebrett zu entfernen. Der Untergrund wird vorgenässt, das heisst, wir machen eine Art Grundanstrich mit Kalkmilch. Auf einen Liter Kalkmilch dürfen gern 20 Milliliter Leinölfirnis zugesetzt werden. Nach der entsprechenden Wartezeit sollte ein Zwischenanstrich mit Kalkmilch erfolgen. Dem Schlussanstrich darf noch einmal Leinölfirnis zugesetzt werden.

Wenn die Farbe schlecht anzieht und auf der Putzoberfläche herabläuft, können wir es mit einem versinterten Putz zu tun haben. Die Oberfläche sollte etwas aufgerauht werden. Besonders zu achten ist auf die Saugfähigkeit des Putzes, auf eine nicht zu schnelle Trocknung, auf Abwesenheit direkter Sonneneinstrahlung und natürlich eine geeignete Witterung. Bei Frost oder Regen darf nicht gestrichen werden, auch nicht, wenn diese in den nächsten Stunden zu erwarten sind.

Als Sperrgrund gegen durchschlagende Sottflecken vom Kamin oder Nikotin- und Wasserflecken ist folgender Anstrich nach einem historischen Rezept geeignet – zumindest hat er sich in wenigen Versuchen gut bewährt:

1 Volumenanteil frischer Kuhmist wird mit 1 Volumenanteil Sumpfkalk gründlich vermischt. Die Masse wird mit Wasser zur Streichfähigkeit verdünnt und auf die Flächen aufgetragen. Vor dem Anstrich lässt man diese Grundierung gut trocknen.

Alte Techniken wiederbelebt

Lasuren und ihre Verarbeitung

Lasuren sind nichtdeckende Farbanstriche, die den Untergrund durchscheinen lassen. Man spricht dabei auch von einer Tiefenlichtreflektion. Gerade diese Kombination von Tiefen- und Oberflächenlicht verleiht den Lasuren ihren besonderen Reiz. Das Ziel der Lasurtechniken ist es, eine tiefere und brillantere Farbwirkung zu erzielen als mit Deckfarben. Lasuren können in sehr unterschiedlichen Bindemittelsystemen und mit vielen Farbstoffen durchgeführt werden, der dekorative Effekt entsteht dabei wesentlich durch die unterschiedlichen Auftragstechniken. Wenn im folgenden hin und wieder von Malmitteln die Rede ist, so kommt dieser Begriff mehr aus dem künstlerischen Bereich. Gemeint ist damit immer das Bindemittel in seiner Zubereitung, also gequollen, verdünnt oder vermischt, also fertig zum Malen.

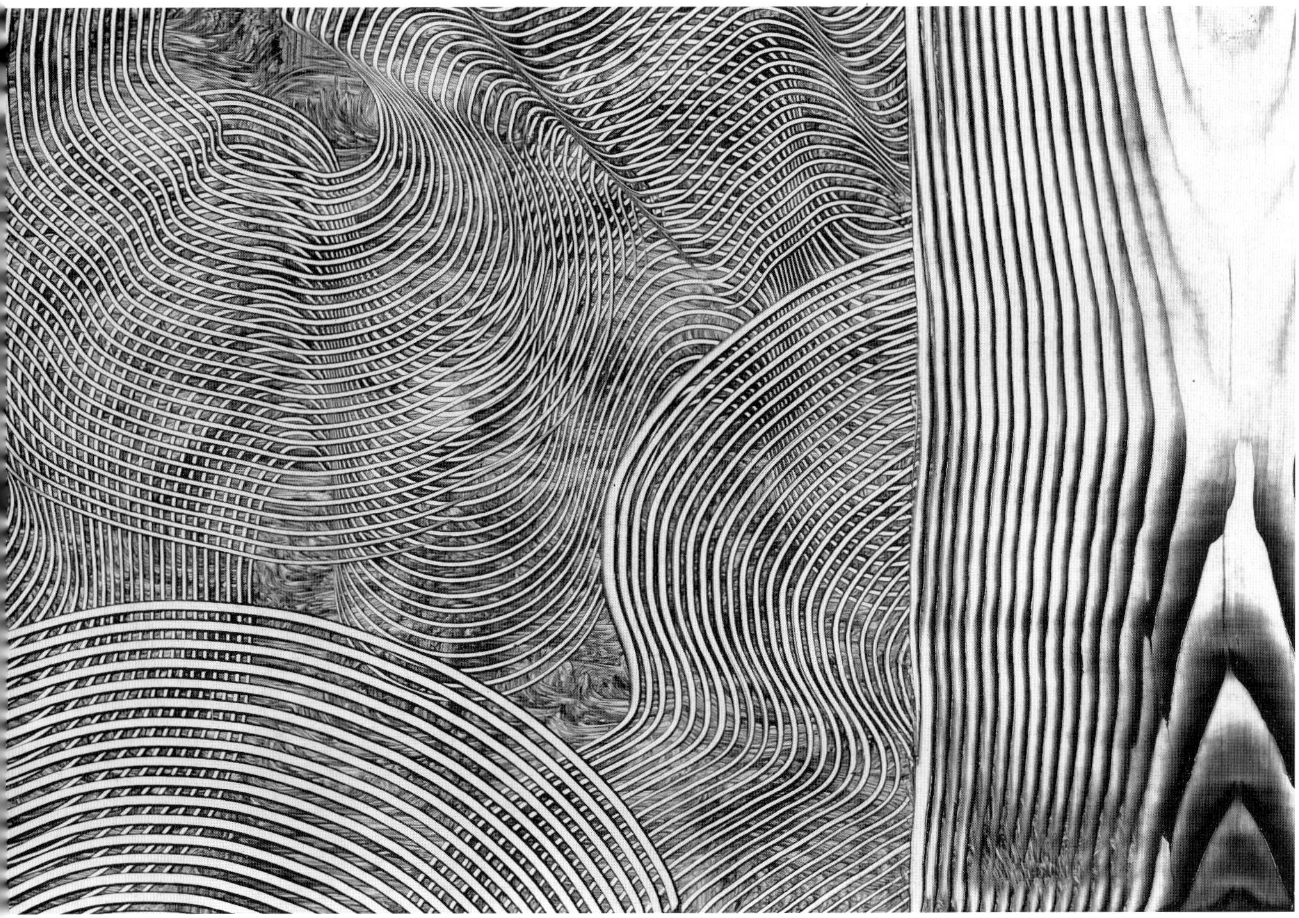

Maseriertechniken:
Links Kammzug, rechts
Holzimitation.

Der Lasurauftrag

Der dekorative Wert einer Lasur hängt ganz wesentlich von ihrer Verarbeitung beziehungsweise von dem eingesetzten Werkzeug ab. Beim Farbauftrag sind der Phantasie kaum Grenzen gesetzt. Es kommen sämtliche Pinselformen, aber ebenso Tücher, Lappen und Schwämme in Frage. Es kann mit Kämmen, Kork- und Lederstücken gearbeitet werden, aber auch mit der blossen Hand, das heisst, auch Fingerspitzen oder Handballen können hübsche Muster hervorbringen. Auch das Körpermalen, bei dem sich der mit Farbe bestrichene Mensch über eine Fläche abrollt, wurde schon öfter praktiziert. Ferner ist an das Stempeln mit Gummi, Kartoffeln oder Rüben zu denken.

Das Werkzeug kann dabei zweierlei Funktion haben: die Farbe auf den Untergrund aufzutragen oder aber auch die Farbe wieder abzunehmen, um den Untergrund wieder stärker sichtbar zu machen. Lasurfarbe wird auf dem Untergrund so verteilt, dass sie teils kräftiger und teils dünner aufgetragen ist. Ob dies durch Tupfen, Wickeln, Schlagen, Wischen oder Sprühen geschieht, ist technisch gesehen erst einmal gleichgültig, es bestimmt aber ganz entscheidend das spätere Aussehen. Diese Auftragsarten können gleichmässig wiederkehrend oder völlig unregelmässig bis chaotisch eingesetzt werden. Gerade hierin liegt der besondere Reiz. Kein Lasuranstrich ist wie der andere, er erhält immer eine individuelle Note. Besonders beliebt für Lasuraufträge ist die Wickeltechnik, die natürlich in eine Wischtechnik übergehen kann, indem der Lappen mehr geschoben als gerollt wird.

Wichtig ist weiter die Konsistenz der angerührten Lasurfarbe. Ist sie zu dünnflüssig, kann sie (bei Wandlasuren) leicht herablaufen, ist sie zu dick, wird sie sich nur schwer hauchzart verteilen lassen. Die genannten Mischungen sind also auch hier nur Richtrezepturen. Es ist sehr stark vom individuellen Auftragsstil abhängig, welche Viskosität die Farbe haben muss. Vorversuche sind unbedingt notwendig, da die Muster auf grösseren Flächen meist einen anderen Eindruck erzeugen als auf Kleinflächen. Ausserdem muss bei den meisten Lasuren eine Trockenprobe gemacht werden, da zumindest die wässrigen Malmittel heller auftrocknen.

Sehr interessant, aber handwerklich etwas komplizierter, sind batikähnliche Techniken. So ist es zum Beispiel möglich, wasserlösliche Lasuren nur teilweise mit wasserfesten Fixativen wie beispielsweise Schellack zu überziehen und die anderen Stellen später wieder auszuwaschen. Oder man kann mit Lösungsmitteln, also Wasser bei Wasserlasuren oder Terpentinöl bei Öllasuren, Teile der ursprünglichen Lasur wieder entfernen.

Die Lasurmalmittel

Wir sind, wie gesagt, auf keine bestimmten Bindemittel festgelegt, in jedem Fall müssen diese jedoch transparent sein. Ein Grenzfall wäre das Lasieren mit eingefärbter Kalkmilch. Diese ist ohnehin nur in der Lage, wenige Buntpigmente mit abzubinden, und das Ergebnis wären immer wenig lasierende, also durchscheinende, weisslich getrübte Lasuren. Versuche auf diesem Gebiet könnten sehr reizvoll sein. Es gibt rein wässrige Lasurmalmittel wie zum Beispiel die Aqarellfarben. Mit Ölen kann man wie bei der Hinterglasmalerei lasieren, und in Kombination von wässrigen und öligen Bindemitteln, also in der Temperatechnik, lassen sich sehr gute Wandlasuren herstellen.

Eine der einfachsten und dabei trotzdem sehr wirkungsvollen Methoden ist die Bierlasur. *Bierlasuren* werden zwar nicht wasserfest, das heisst, man darf sie in keiner Weise grösserer Feuchtigkeit aussetzen, aber sie sind durchaus wischfest. Wegen der verhältnismässig geringen Klebkraft des Bieres lassen sich nur sehr zarte Farbtöne herstellen, und ein mehrschichtiges Arbeiten führt mit Sicherheit zu einer Vermischung der Farbtöne. Der Effekt ist ein ganz anderer als beim Übereinanderlegen mehrerer Farbtöne, dennoch ist es eine Lasur, die wir für empfehlenswert halten. Sie ist sehr preisgünstig, beim Einsatz der richtigen Pigmente ökologisch absolut unbedenklich, leicht selbst anzurühren und zu verarbeiten und führt zu wirklich hübschen Dekorationen. Besonders auf Holz sind Bierlasuren gut einzusetzen, doch auch auf geweissten Putzen oder Tapeten haben wir schon schöne Ergebnisse erzielt. Die Lasur wird hergestellt, indem man auf einen Liter Bier 20 g bis maximal 100 g Pigmente klumpenfrei einrührt. Wer beispielsweise Holzverschalungen oder auch Möbel mit Bierlasuren dekorieren möchte, kann diese mit einem anschliessenden Überzug von Bienenwachsbalsam auch strapazierfähiger machen.

Auch *Essiglasuren* sind möglich, hier müssen wir allerdings mit einer noch geringeren Bindekraft rechnen, so dass sie in der Praxis wenig Verwendung finden. Ansonsten gilt im wesentlichen das gleiche wie für Bierlasuren.

Temperalasuren können mit verdünnter Plakafarbe gemacht werden. Näheres hierzu findet sich im Kapitel Kaseinfarben (Seite 27ff.). Dieses Lasurmalmittel kann gut mit bunten Erden und Mineralpigmenten eingfärbt werden. Wichtig ist die ausreichende Verdünnung mit Wasser, da Kaseinlasuren leicht zu spannungsreich werden und dadurch zum Abplatzen, oft erst nach einigen Tagen, neigen. Daher sollte man nie mehr Bindemittel einsetzten, als zur Erlangung guter Wischfestigkeit notwendig ist.

Ein Rezept für Einsteiger:
1 kg Magerquark wird mit 1 Esslöffel Borax aufgeschlossen, und nach einer Wartezeit von mindestens 2 Stunden mit 1 bis 2 Litern Wasser verdünnt. Nach Belieben Pigmente zusetzen.

Die Lasurfarbstoffe

Zur Herstellung von Lasurfarben eignen sich zunächst alle gängigen Pigmente. Allein die eingesetzte Menge bestimmt den Grad der Deckkraft beziehungsweise die Transparenz. Wir setzen hier in aller Regel Erd- und Mineralpigmente (und einige organische Farben) ein, die auch zur Herstellung ungiftiger Deckfarben Verwendung finden. Unter diesen Pigmenten gibt es eine ganze Reihe, die aus ihrer natürlichen Beschaffenheit heraus relativ schwach decken. Man spricht hier von lasierenden Pigmenten; einige der bekanntesten sind Terra di Siena, natur und gebrannt, Cassler Braun, alle Ultramarinpigmente (blau,violett usw.) sowie Pflanzenfarben.

Die Pflanzenlasurfarben

Die ersten veröffentlichten Rezepturen für Pflanzenfarben gehen auf das 13. Jahrhundert zurück. Die Entwicklung wurde durch die Entdeckung von neuen synthetischen Farbstoffen jäh unterbunden, und mit der Einführung der Anilinfarben riss der Faden vollständig. Erst in den zwanziger Jahren erinnerten sich Rudolf Steiner und die Anthroposophische Gesellschaft beim Bau des ersten Goetheanums in Dornach für die Malereien im Kuppelbau wieder der Pflanzenlasuren. Die dabei angewandte Ausfällungsmethode basiert darauf, dass Mineralien wie beispielsweise Tonerde die Fähigkeit besitzen, Farbstoffe zu absorbieren. Die Tonerde wird dadurch zum Farbträger und ermöglicht erst die Verwendung als Malfarbe. Es handelt sich im eigentlichen Sinne um Pflanzenextrakte, die in transparente Tonerdekristalle gebunden mit Emulsionen als Farbe auf einen weiss gestrichenen Untergrund aufgetragen werden. Im Unterschied zu mineralischen oder Erdfarben sind Pflanzenfarben von sich aus lasierend, also durchlässig. Das Licht dringt durch die transparent eingefärbten Tonerdekristalle, wird dann vom weissen Untergrund reflektiert und abermals durch die Kristalle zurückgestrahlt. Für den Betrachter entsteht ein ganz eigener Eindruck. Die Farbe wirkt wie Licht. Die Räume werden weit, die Wände verlieren ihr Abgrenzendes – in gewisser Weise umweht einen das Farbige wie ein Hauch.

Pflanzenfarbstoffe sind ein Stück lebendige Natur – hier gefärbte Papiere.

Pflanzenfarben strahlen eine Farbqualität aus, die von keinem anderen Farbstoff erreicht wird. In ihnen lebt ein Stück lebendiger Natur. Sie haben sich als besonders wertvoll bei der Ausgestaltung von Spitälern, Kindergärten, Schulen und Therapiezentren erwiesen.

Die Wickeltechnik

Am bekanntesten und früher sehr verbreitet war die Wickeltechnik. Gerade in älteren Treppenhäusern kann man oft einen in dieser Weise gestalteten Sockelbereich finden. Es wurden gern Ölfarben eingesetzt, die es möglich machten, diesen strapazierten Bereich hin und wieder nass zu reinigen. Durch den unregelmässigen Farbauftrag war eine Verschmutzung ausserdem nicht so leicht wahrzunehmen. Bei den in dieser Art gewickelten Flächen handelte es sich zwar manchmal auch um gewickelte Deckfarben, doch sind Lasurfarben für diese Technik prädestiniert. Gerade durch den unterschiedlich stark werdenden Farbauftrag entsteht der changierende Charakter des in der Intensität wechselnden Farbspiels. Man nehme ein geeignetes Tuch und tauche es in die Farbe. Das Tuch wird etwas ausgedrückt, damit es nicht kleckert, und wird als Rolle oder Klumpen an der Wand hochgerollt. Durch stärkeren oder schwächeren Andruck kann man dabei die Intensität des Farbauftrags beeinflussen. Wer zu stark drückt, erhält schnell «Läufer», die über die Wand nach unten streben. Gröbere Tücher ergeben in der Regel gröbere Muster als feine, leichte Tücher. Wir haben einmal Versuche mit einer alten Cordhose gemacht. Das Rippenmuster war später in der Lasur deutlich zu erkennen, ein interessanter Effekt.

Die Wickeltechnik ist vermutlich aus der römischen Marmormalerei hervorgegangen. Dabei gibt es zwei wesentlich voneinander abweichende Verfahren: Erstens kann man das Lasurmalmittel auf einen hellen Untergrund so auftragen, dass es den Untergrund wie beschrieben abdeckt. Ist der Untergrund nicht hell, erzielt man keine Tiefenlichtwirkung und die Lasur wird im schlimmsten Fall kaum sichtbar. Zweitens kann man die Lasur kräftig auf die gesamte Fläche auftragen, um sie dann unterschiedlich stark wieder abzunehmen. Neben dem nacheinander erfolgenden Wickeln verschiedener Farbtöne, bei dem man die einzelnen Farben zwischenzeitlich trocknen lässt, kann natürlich auch nass in nass gearbeitet werden, was zu einer mehr oder minder starken Vermischung führt. Gewickelt werden kann gut mit Bier- und Temperalasuren, aber auch mit Kasein- und Pflanzenfarben. Denkbar sind auch Wasserglaslasuren und Ölfarbenlasuren.

Farbauftrag in Wickeltechnik, darunter zwei Beispiele der in Wickeltechnik erzielten Effekte.

Tupfen, Wischen und so weiter

Ähnlich unkompliziert ist das Tupfen, manchmal auch Stupfen genannt. Es kann mit allen oben genannten Malmitteln durchgeführt werden. Der wesentliche Unterschied ist, dass nicht so sehr flächig als vielmehr punktuell gearbeitet wird. Ob mit Deck- oder Lasurfarben ausgeführt, die unterschiedlichen Farben stehen «fleckig» nebeneinander. Natürlich kann man Muster und Bänder anfertigen und damit optische Flächenaufteilungen erreichen.

Beim Tupfen kann leicht eine gewisse Struktur in

die Oberfläche eingearbeitet werden, da die getupfte Farbe sozusagen an der Oberfläche stehenbleibt. Es entsteht ein Spiel von Licht und Schatten, mit dem gegebenenfalls auch sehr gut Unebenheiten des Untergrundes kaschiert werden können. Eine mit uns befreundete Farbendesignerin stellte beispielsweise eine Art Korkimitation mit einer sehr pastös angefertigten Temperafarbe her. Dabei wurde ein in gelbem Ocker grundierter Untergrund mit gebrannter und naturlicher Terra di Siena nass in nass abgetupft. Wer übrigens mit Naturschwämmen arbeiten möchte, was früher eine sehr beliebte Technik war, da die Schwammporen schöne Muster ergaben, bedenke, dass das Mittelmeer fast leergeraubt ist. Nach unseren Erfahrungen erhält man auch mit Kunstschwämmen durchaus zufriedenstellende Resultate.

Auch das Tupfen sollte auf jeden Fall geübt werden, da leicht ein ungewollt wiederkehrendes Muster entsteht. Das übergangslose Bearbeiten grösserer Flächen ist eine Fertigkeit, die man nur durch Praxis erwirbt.

Das Schablonieren

Das Schablonieren hat im Malerhandwerk eine lange Tradition. Schablonen gibt es für die unterschiedlichsten Motive; Klassiker sind Lilien und Ornamente, es können aber auch ganze Streifen kleiner Muster sein. Die Maler fertigten sich früher ihre Schablonen meist selbst, wozu sie möglichst reissfestes Papier benutzten, das mit Wachsen oder Ölen wasserfest gemacht wurde. Auch Zelluloid- oder Metallschablonen wurden eingesetzt. Heute stehen uns zahlreiche Stoffe zur Verfügung. Wer möchte, kann in guten Fachgeschäften auch Schablonensätze kaufen.

Die Schablonen werden auf den Untergrund gelegt oder angedrückt und der Ausschnitt wird meist mit Farbe betupft. In der Regel wurden hierfür gute Ringpinsel benutzt. Auch andere Auftragsarten sind denkbar. Zu vermeiden ist, dass die Farbe hinter die Schablone läuft. Das Schablonieren ist eigentlich nur eine Hilfe zum Bemalen der Untergründe, da das aufwendige Zeichnen wiederkehrender Formen sehr zeitraubend wäre. Eine gut gepflegte Schablone kann das gleiche Muster viele hundert Mal wiederkehren lassen.

Mit pastösen Farben werden die besten Ergebnisse erzielt. Besonders geeignet sind Temperafarben, da sie von ihrer Konsistenz her gut zu verarbeiten und auf praktisch allen Untergründen einsetzbar sind. Wässrigen Farben kann durch einen kleinen Leimzusatz die Eignung für Schablonierarbeiten verliehen werden.

Mit Schablonen kann ein Muster vielfach reproduziert werden.

Pflanzenfarben lassen der
Kreativität und der
Phantasie grossen Spielraum.

Putze und Putztechniken

Maler- und Putzarbeiten sind untrennbar

Des Malers Arbeit steht immer in engem Zusammenhang mit der vorangehenden Arbeit, in manchen Regionen gehörte es lange Zeit ausdrücklich auch zu seinen Aufgaben, Wände zu verputzen. Maler allein schaffen keine Bauwerke, sie sind immer auf Untergründe für ihre Anstricharbeiten angewiesen. Bei Wandanstrichen handelt es sich meistens um Putzuntergründe, auch das Tapezieren erfolgt auf Putzen. Immer wird es nötig sein, Reparaturen auszuführen und auf die besondere Beschaffenheit der Putze einzugehen. Anstriche können Putze schützen und verschönern, sie können aber auch von schädlichen Auswirkungen der Putze zerstört werden. Es bestehen physikalisch-bautechnische Wechselwirkungen, und es ist eine Aufgabe der

Eine Weidenruten-Lehm-Konstruktion wird von Hand geformt und schliesslich farbig gestaltet.

Maler, hier auf Harmonie von der ersten Schicht des Putzaufbaus bis zu den dekorativen Oberflächen des letzten Anstrichs zu achten.

Putzarbeiten

Zu unterscheiden sind Innen- und Aussenputze, deren Aufgaben sehr verschieden sind. Der Innenputz hat vor allem die Aufgabe, eine gleichmässige und glatte Fläche herzustellen, auf der schöne Anstriche ausgeführt werden können. Sie sollen für ein angenehmes Raum- und Wohnklima sorgen, und dazu gehört mehr als die optische Qualität. Beispielsweise können Putze bis zu einem gewissen Grad schallschluckend sein, sie haben bessere Schallschutzmöglichkeiten als aus Steinen gemauerte Wände. Hinzu kommt eine Wärmedämmfunktion und unmittelbar damit verbunden die Forderung nach einer Pufferfunktion für starke Schwankungen der Luftfeuchtigkeit und damit nach Atmungsfähigkeit. Das Dampfdiffusionsvermögen haben wir bereits im Zusammenhang mit den Anstrichen behandelt, es versteht sich von selbst, dass Feuchtigkeitsaufnahme und -abgabe ganz wesentlich auch vom Putz abhängen. Er muss eine poröse Oberfläche schaffen, deren Poren Raum bieten. Besonders in Küchen und Bädern, wo regelmässig ein kurzfristig hoher Wasserdampfanfall stattfindet, würde man mit dichten Putzen Tropfsteinhöhlen kreieren.

Im Aussenbereich sind die Anforderungen etwas anders; hier geht es vor allem darum, den Untergrund vor Durchfeuchtung zu schützen. Besonders Schlagregen muss erfolgreich von der Putzoberfläche abgewiesen werden. Unter diesem Aspekt kommen später auch den Anstrichen wesentliche schützende Aufgaben zu. Durchfeuchtungen des Mauerwerks setzen zum einen den Wärmedämmwert einer Wand erheblich herab, zum anderen wird bei hinzukommendem Frost die Wand bis in die innere Struktur der Mauersteine zerstört. Der Aussenputz muss also mit einer kleinporigen Schicht die grossen Poren des Mauerwerkes und vor allem die der porösen Mörtelfugen überdecken. Teilweise ist es sogar eine Anforderung an den Aussenputz, völlig wasserabweisend zu sein, wobei nie die Atmungsfähigkeit aufgehoben werden darf.

Wir werden hier nicht alle denkbaren Putzarten behandeln, sondern das Augenmerk auf einige baubiologisch interessante Putzarten richten. Zement- und ganz besonders Kunststoffputze lassen wir völlig beiseite, da sie die genannte Atmungsfähigkeit einschränken beziehungsweise völlig aufheben. Ausführlicher werden wir insbesondere auf Kalkmörtelputze und die Freskotechnik sowie Lehmputze und deren Behandlung eingehen.

Putzaufbau und Sände

Die Lebensdauer eines Putzes ist abhängig von der zum Putzuntergrund passenden, richtigen Zusammensetzung des Mörtels. Die fachgerechte Verarbeitung und Nachbehandlung ist eine Voraussetzung für ein Abbinden mit dem Putzgrund, für ein «langfristiges Haften». Ein Aussenputz muss nicht nur dem Feuchtigkeitswechsel zwischen Regen und Sonnenbestrahlung standhalten, er muss auch den Wechsel von Frost- zu Tauwetter überstehen. Eine gewisse Durchfeuchtung ist nie völlig auszuschliessen, insofern ist etwas Elastizität gefordert, welche erst Frostbeständigkeit garantiert. Die Porosität lässt Wasserbewegungen innerhalb der Wand zu, die das Trocknen, also ein Verdunsten an der Putzoberfläche erst ermöglichen.

Sand ist ein wesentlicher Bestandteil aller Putze. Sand ist nichts anderes als verwittertes Gestein, also kleine mineralische Bruchstücke, die sich aus dem Verband gelöst haben. Im wesentlichen bestehen sie aus Quarz. Beimengungen von Feldspat, Ton und schweren Mineralien sind nicht selten, Eisenoxide sind hauptsächlich für die unterschiedlichen Farbtöne verantwortlich. Man unterscheidet Sände nach Fundort und vor allem nach Korngrösse. Die Unterschiede zwischen Fluss- oder Meersand, zwischen eiszeitlichem und Wüstensand sollen uns hier nicht weiter interessieren. Es ist gut zu wissen, dass Sände aus eiszeitlichen Flussterrassen bis zu 25 Prozent Tonmineralien enthalten und sogenannte monomineralische Quarzsände 85 Prozent Quarz. Industriesand besteht sogar zu 98 Prozent aus Quarz und wird als reiner Quarzsand bezeichnet. Auch für diesen gibt es natürliche Lagerstätten, beispielsweise bei Frechen in der Nähe von Köln oder in Haltern/Westfalen. Für den Putzaufbau ist vor allem die Korngrösse wichtig, da sie für die Spannungsverläufe im Putz wichtig ist. Der Sand gibt dem Putz Härte und Festigkeit, verhindert Schwundrisse und ergibt den porösen Verbund. Sand über 2 mm Durchmesser wird in der Regel als Kies bezeichnet.

Korngrössen der unterschiedlichen Putzschichten

Putz	aussen	innen
Spritzbewurf	bis zu 7 mm	bis zu 4 mm
Unterputz	bis zu 5 mm	bis zu 3 mm
Oberputz	bis zu 3 mm	bis zu 2 mm

In der Regel kauft man heute sauberen Sand von Kieswerken. Wer jedoch eine eigene Fundstelle hat, kann den Sand prüfen, wie es früher gemacht wurde. Erstens muss der Sand völlig geruch- und geschmacklos sein, vor allem soll er nicht erdig riechen. Wenn er in der Hand gequetscht wird, darf er sich nicht zusammenballen und sollte etwas knirschen. Wirft man den Sand an eine saubere, trockene Wand, darf nichts klebenbleiben und keine Verschmutzung zu sehen sein. Probehalber kann man den Sand waschen und den dabei eintretenden Gewichtsverlust messen. Die ausgewaschenen tonigen Anteile dürfen für einen Aussenputz nicht mehr als 2 Gewichtsprozent und für einen Innenputz nicht mehr als 5 Gewichtsprozent ausmachen. Schlammhaltiger Sand muss zunächst gewaschen werden.

Der Putzgrund

Eine gute Putzhaftung ist nur zu erreichen, wenn der Putzgrund saugfähig ist und eine rauhe Oberfläche aufweist. Diese begünstigt eine mechanische Verankerung. Eine gute Verfestigung der Mörtelschicht mit dem Putzgrund wird durch die Arbeitsweise, durch die Mörtelart und die Mörtelsteife, aber auch durch die Witterungs- und Umgebungsverhältnisse bestimmt. Der Putz soll zunächst angeworfen werden. Durch das Anwerfen des Mörtels an die Wand wird die Luft aus allen Hohlräumen verdrängt, im Moment des Aufpralls wird der Mörtel mit einem hohen Druck dicht auf den Untergrund aufgebracht. Der Umgebungsluftdruck hält anschliessend den Putz in den Hohlräumen.

Das Mauerwerk, sowohl Ziegel als auch Fugenmörtel, saugen dann einen Teil des Anmachwassers auf und ziehen damit gewissermassen den Mörtel an sich. Die Kalkmilch des Putzes füllt auf diese Weise lückenlos sowohl den Putz als auch die oberen Teile des Untergrundes. Daher ist auch plausibel, dass nicht oder nur schwach saugende Untergründe wie Glas und Metall oder sehr dichte Vormauerziegel und hartgebrannte Klinker nicht zu verputzen sind. Ziegel mit zu grosser Saugfähigkeit entziehen, besonders bei warmer Witterung, dem Mörtel sehr viel Anmachwasser (gegebenenfalls müssen sie zum Beispiel mit Kalkmilch vorgenässt werden). Gerade beim Kalkmörtelputz fehlt das Wasser für die Karbonatisierung. Hier wirken die gleichen Prinzipien, wie sie für Kalkanstriche beschrieben wurden. Alte, handgeformte Ziegel sind in aller Regel besser zum Verputzen geeignet als moderne Maschinen- und Kalksandsteine.

Wenn die Rauhigkeit und Saugfähigkeit der Steine nicht ausreicht, kann diese oft mechanisch hergestellt werden. Üblich ist dafür die Benutzung eines Nagelbretts, mit dem man den Untergrund bearbeitet. Auch das Auskratzen der Fugen ist eine hilfreiche Massnahme, zumal lose Mörtelteilchen auf diese Weise entfernt werden. Nicht zuletzt ist der Spritzbewurf dazu geeignet, die Oberfläche des Putzgrundes zu vergrössern.

Der Spritzbewurf

Der Spritzbewurf wird in der Regel im Verhältnis 1:3 angesetzt (1 Teil Kalk auf 3 Teile Sand) und muss in jedem Fall angeworfen werden. Nur das Anwerfen kann gewährleisten, dass keine Hohlräume zwischen Putz und Putzgrund entstehen. Ein Aufziehen, egal mit welcher Methode, ist auf jeden Fall zu unterlassen. Das Anwerfen bietet weiter den Vorteil, dass der Putzmörtel wesentlich schlanker, also plastischer sein kann als beim Aufziehen. Das heisst, er wird mit mehr Wasser angemacht. Während er beim Aufziehen immer herablaufen würde, kann er hier «mit voller Wucht an die Wand geklatscht werden» und so besser in alle Hohlräume eindringen. Trockenes Mauerwerk sollte immer vorgenässt werden.

Die verschiedenen Putzschichten sollen möglichst ähnliche Spannungsverhältnisse aufweisen, damit es später nicht zu Abplatzungen durch unterschiedliche Ausdehnungskoeffizienten kommt. Besonders bei Ausbesserungsarbeiten sollte dies berücksichtigt werden. Ideal ist es immer, die gleiche Putzart zu wählen, die im Untergrund und darum herum bereits vorliegt. Versucht man beispielsweise Kalkputze mit Gips- oder Zementputzen auszubessern oder zu beschichten, führt das zwangsläufig zum Abfallen des neuen Putzes. Besonders fatal sind Zementputze auf alten Lehmputzen, da sie eher zufällig etwas halten, und auch dies nur für eine beschränkte Zeit. Gerade auf alten Gefachen haben wir oft ganze Felder im Stück abklappen gesehen. Beim Abklopfen solcher Putze hört man ein typisches hohles Geräusch; in diesen Fällen hilft nur das vollständige Entfernen ehemaliger Reparaturversuche.

Die wichtigsten Kalkarten und Zuschlagstoffe

Baukalke sind seit jeher die wichtigsten mineralischen Bindemittel für Putzmörtel. Die Möglichkeiten, Kalk im ökologischen Bauen einzusetzen, sind fast unbegrenzt, vom Kalkputz über die Freskomalerei bis zur Fussbodenbehandlung. Die Verwirrung ist oft recht gross, wenn von Fettkalk, Kalkwasser, Magerkalk, Magnesiakalk oder Marmorkalk die Rede ist. Ausserdem gibt es zahlreiche Zuschläge wie Bimsmehl oder Ziegelsplit, oder durch natürliche Ölzusätze werden Kalkseifen hergestellt. Im Zusammenhang mit Kalkfarbenanstrichen haben wir wesentliche Begriffe aus dem Kalkkreislauf bereits abgehandelt (siehe Seite 40ff.), hier sollen noch einige hinzukommen, die im Zusammenhang mit Putzarbeiten des öfteren auftauchen:

Ätzkalk ist eine andere Bezeichnung für gebrannten Kalk (CaO) aus Kalkstein (siehe dazu den Kalkkreislauf Seite 42f.).

Dolomitkalk wird aus Dolomit ($CaCo_3MgCo_3$) gebrannt. Er ist graubraun und schwach hydraulisch, wodurch er fester erhärtet.

Fettkalk ist eine Bezeichnung für Kalkhydratteig, der durch langes Lagern und technisch gut gelungenes Löschen einen vorteilhaft hohen Wassergehalt besitzt.

Kalkmilch ist ein mit Wasser verdünnter Weisskalkhydratteig, wie er vor allem für Anstrichzwecke zum Einsatz kommt (milchigweiss).

Kalkwasser ist klares Wasser mit gelöstem Calciumhydroxid (etwa 0,16 g in 100 ml). Es setzt sich über verdünntem Kalkhydratteig ab und eignet sich gut als Bindemittel.

Luftkalke sind jene Kalksorten, die neben 80 Prozent kohlensaurem Kalk und Magnesiumoxid 20 Prozent fremde Bestandteile enthalten. Sie zerfallen beim Löschen zu feinweissem Pulver.

Magerkalk ist ein Kalkhydratteig, dessen Volumen weniger als das Doppelte des eingesetzten Branntkalks ist; meist durch unsachgemässes Löschen entstanden.

Magnesiakalk entsteht durch Brennen von Mineralien mit hohem Magnesiumcarbonatgehalt. Er sieht grau aus.

Marmorkalk wird aus weissem Marmor, welcher kristallines Calciumcarbonat ist, hergestellt. Man nennt ihn gelegentlich auch reinweissen Luftkalk.

Mergelkalk ist ein hydraulischer Kalk, der aus einem Sedimentgemenge gebrannt wurde. Neben Calciumkarbonat enthält er Ton, Sand und andere Mineralien.

Naturzement nennt man auch jene Kalke, die hydraulisch erhärten und eine dem Zement vergleichbare Putzhärte ergeben.

Romankalke ist ein anderer Begriff für römische Kalke; dies sind italienische Kalksorten, die hydraulisch erhärten.

Muschelkalk wird durch Brennen von Seemuscheln gewonnen und ergibt in der Mischung mit weissen Sand reinweissen Mörtel. Hierher gehören auch Spielarten der Korallenkalke.

In Bezug auf die Abbindereaktionen des Kalks wissen wurde das Prinzip der Karbonatisierung bereits für Kalkanstriche ausführlich erläutert, ebenso das Thema des Kalkkaseins bei den Kaseinfarben. An dieser Stelle soll auf weitere Zuschlagstoffe eingegangen werden, die für das Abbinden des Putzes von Bedeutung sind:

Eiweisshaltige Naturstoffe gehen mit Kalkhydraten ähnliche Reaktionen ein wie Kasein. So können neben Quark oder Magermilch auch Blutserum oder Hühnereiweiss wasserunlösliche Verbindungen herstellen. Sie erhöhen die Festigkeit und Wetterbeständigkeit sowohl von Putzen als auch von Anstrichen und Wandmalereien. Es spricht einiges dafür, dass auch mit pflanzlichen Eiweissen gearbeitet werden kann.

Pflanzenöle verseifen in Verbindung mit Kalkhydraten und ergeben sogenannte Kalkseifen. Geringe Zusätze von bis zu 2 Prozent zu Kalkmörtel, Kalkschlämme oder Kalkfarbe erhöhen ebenfalls merklich die Wetterfestigkeit. Der Einsatz von verdünntem Seifenwasser aus Schmierseife ist eine gute Grundierung vor Anstrichen.

Alaune bilden, als wässrige Lösung auf frischen Kalkputz aufgetragen, in den Putzporen wasserunlösliches und abdichtendes Aluminiumhydroxigel.

Hydraulische Zuschläge erhöhen die Resistenz des Putzes gegen Wasser. Sie führen zu schnellerem Abbinden, auch unter Wasser. Ausserdem ergibt sich eine bessere Witterungsbeständigkeit, auch gegen saure Einflüsse. Geeignet sind Ziegelmehle oder Trassmehl zum Kalkmörtel.

Kalkputz und Freskotechnik

Die *Freskotechnik* ist eine besondere Form der Kalkputztechnik, die wir in Verbindung mit Wandmalereien kennen. Das Fresko beginnt beim Spritzbewurf und endet mit den dekorativen Malereien. Alle Arbeitsschritte erfolgen frisch ineinander, das heisst nass in nass, ohne dass eine Schicht zwischenzeitlich abbindet. Die Arbeitspausen zwischen Spritzbewurf, Ausgleichsschicht oder Unter- und Oberputz und der Malschicht sind kurz, etwa eine halbe bis eine ganze Stunde. Entsprechend werden Freskoarbeiten fast immer im Team ausgeführt, und es ist nichts Ungewöhnliches, eine ganze Fassade an einem Tag fertigzustellen. Arbeiten in Freskotechnik stammen hauptsächlich von italienischen Baumeistern und sind in alten Kulturstätten wie Pompeji noch heute nach Jahrhunderten in relativ gutem Zustand zu besichtigen.

Man beginnt mit einem Spritzbewurf, wie er bereits beschrieben wurde. Dieser soll so flüssig sein, dass er von der Kelle abläuft. Es werden in der Regel ein bis eineinhalb Zentimeter angeworfen. Unmittelbar folgen kann ein Unter- oder Ausgleichsputz von gleicher Stärke. Er wird wie der Spritzbewurf angemischt, nur trockener und kann angeworfen oder aufgezogen werden. Er wird nur grob geglättet, so dass er eine rauhe Oberfläche behält. Der nun folgende Oberputz wird auch als grobe Malschicht bezeichnet und hat einen etwas höheren Sandanteil beziehungsweise darf Marmorgriess, das heisst grobkörnige Marmormehle, enthalten. Die eigentliche Malschicht oder der Feinputz wird dichter und kalkhaltiger angesetzt, zum Beispiel zu gleichen Teilen aus Sand (oder Marmormehl) und Kalk. Nun gibt es viele individuelle Rezepturen, so dass diese Beschreibung nur als Richtschnur gelten kann. Es ist sicherlich sinnvoll, einige Vorversuche zu machen, zumal die Ausgangsmaterialien immer etwas unterschiedlich ausfallen. Auf jeden Fall darf der Putzaufbau nie trocken werden und muss gegebenenfalls nachgenässt werden. Die Malereien werden mit kalkechten Pigmenten ausgeführt, wie wir es bei den Kalkanstrichen bereits beschrieben haben. Gut ist es, die Pigmente in Kalkwasser anzureiben und mit weichen Haar- oder Borstenpinseln zu vermalen. Vorzugsweise wählt man feuchte und nicht zu warme Tage für diese Arbeit.

Enkaustik und Stukkolustro sind Fortführungen der Freskotechnik. *Stukkolustro* ist eine spezielle Kalktechnik, bei der feuchte Kalkuntergründe mit kalkechten Pigmenten unter Hinzunahme von kalk-, eiweiss- oder ölhaltigen Bindemitteln und teilweise Seifen bemalt werden. Später wird die Oberfläche mit heissen Stählen geglättet, man könnte auch sagen gebügelt. Durch sorgfältige Materialauswahl, das heisst auch die Hinzunahme von Marmormehlen, und perfektes Arbeiten erhält man einen haltbaren Fassadenverputz, der auch Kunstmarmor genannt wird. Die Nachahmung des natürlichen Marmors kann nach gestalterischen Grundsätzen mit Maserierungen durchgeführt werden. Geeignet sind diese Putze auch für Feuchträume wie im Dusch-, Bade- und Saunabereich. In der Enkaustik werden ausserdem noch Wachse auf den Putz aufgebracht und poliert. Dies geschieht auf dem frischen Kalkputz, und es können so spiegelglatte Oberflächen mit der Transparenz des Marmors hergestellt werden. Bienenwachse werden in der Regel nur als gehärtete Wachsseifen unter Zuhilfenahme von Soda eingesetzt, Carnaubawachs ist von Haus aus eine härtere Variante. Es gibt eine lange Reihe alter Rezepturen, aber nur noch wenige Fachleute, die praktische Erfahrungen mit diesen Techniken besitzen. Wir freuen uns in diesem Zusammenhang besonders über Erfahrungsberichte aus der Praxis und werden in den nächsten Jahren versuchen, diese Handwerkskunst wiederzubeleben.

Lehmputze

Lehmputze kommen vorrangig dort zum Einsatz, wo sowieso schon mit Lehm gebaut wird. Das heisst der Putzträger ist meistens ein Lehmmauerwerk oder aber Schilfrohr beziehungsweise ein ähnliches Material. Wir wollen nur kurz diese zwei Varianten beschreiben.

Massivlehmwände werden zunächst von losen Teilchen gereinigt, sichtbare Holzbauteile werden zweimal mit Grundieröl behandelt. Anschliessend wird mit der Bürste eine Lehmschlämme aufgetragen. Die Lehmschlämme wird aus 1,5 Teilen Lehmpulver mit 1 Teil Wasser angerührt. Der nun folgende Unterputz besteht aus 1 Teil Lehmpulver, 1 Teil gewaschenem Sand von bis zu 2 mm Körnung und 3 Teilen Strohhäcksel von 2 bis 4 cm Länge. Die Wasserzugabe erfolgt je nach Konsistenzwunsch. Der Putz wird nur grob geglättet, um später nach vollständiger Trocknung des Unterputzes weiterarbeiten zu können. Vor dem Aufbringen des Ober- oder Feinputzes wird der Untergrund angenässt. Der Feinputz wird mit der Kelle aufgetragen, wobei mit dem Reibebrett nachgearbeitet wird. Der Feinputz besteht zu 1 Teil aus Lehmpulver und zu 3 Teilen aus demselben Sand wie der Unterputz und wird bis zu 5 mm stark aufgetragen. Nachbesserungen wegen eventuell auftretender Putzrisse sind nach Annässen jederzeit möglich. Beim Herstellen des Feinputzes ist bereits der spätere Anstrich zu bedenken; falls nämlich später Silikatfarben eingesetzt werden sollen, darf hier nur sauberer Quarzsand verwendet werden. Besonders die Putzteile mit Holzanschluss müssen sehr gut verdichtet werden.

Oft dienen Schilfrohrmatten als Putzträger. Es ist darauf zu achten, dass diese gut fixiert sind und in ihrer oberen Lage horizontal verlaufen. Auf jeden Fall sind die Schilfrohre zunächst sorgfältig einzuschlämmen, wobei viel Schlämme in die Hohlräume dringt. Die Lehmschlämme wird wie für massive Lehmwände angerührt. Anschliessend werden die Stossfugen der Schilfrohrmatten mit Bewehrungsmaterial überbrückt. Am besten bringt man Lehmunterputz auf, bettet die Gewebe darin ein und befestigt sie zusätzlich mit Tackerklammern oder verzinkten Nägeln. Als Bewehrung eignen sich beispielsweise Streckmetallstreifen, Ziegelrabbitzgewebe oder auch grobmaschige Jute. Der Unterputz wird anschliessend in einer Stärke von 8 bis 10 mm aufgebracht. Angemacht wird er aus 1 Teil Trockenlehmpulver, 1 Teil gewaschenem Sand von bis zu 2 mm Körnung und 2,5 Teilen Strohhäcksel oder Hobelspänen von 2 bis 4 cm Länge. Der Lehmunterputz muss gut verdichtet werden und mit dem Reibebrett in das Schilfrohrgewebe eingearbeitet werden. Es empfiehlt sich, den Unterputz noch einmal mit einem Strassenbesen aufzurauhen. Der Oberputz kann, wie oben für massive Lehmwände beschrieben, aufgebracht werden. Wichtig ist, bei den Schilfmatten darauf zu achten, dass diese nicht zu sehr gepresst sind, so dass der Unterputz wirklich Hohlräume für die mechanische Verankerung findet.

Lehmmörtel zum Wandaufbau können übrigens auch in Verbindung mit Kalken hergestellt werden. Während der normale Lehmmörtel beispielsweise aus zwei Teilen fettem Lehm und einem Teil Sand (2 mm) bestehen kann, ist es möglich, einen Teil Kalkhydrat zuzusetzen. Wird dem Putz statt Wasser Molke zugesetzt oder maximal 5 Prozent Magerquark, so erreicht man eine sehr gute Festigkeit. Kurzgeschnittene Fasermaterialien oder Rinderhaare sind eine gute zusätzliche Bewehrung. Bei Lehminnenputzen wurden auch gute Ergebnisse mit Lehmgipsmörteln erzielt, die aus vier Teilen magerem Lehm und einem Teil Gips unter Zuhilfenahme von Bewehrungsstoffen hergestellt wurden. Getestet haben wir diese letzte Variante allerdings noch nicht.

Die Oberflächenbehandlung von Lehmputzen

Für Naturfarbenmaler ist die Behandlung von Lehmoberflächen ein besonderes Thema. Sie können auf sehr unterschiedliche Art behandelt werden. Wichtig ist auf jeden Fall, den besonderen Eigenschaften der Lehmputze Rechnung zu tragen und die bauphysikalischen Vorzüge des Lehmbaus zu unterstützen. Das heisst vor allem, diffusionsfähige und damit dampfoffene Anstriche anzubringen. Ausserdem muss die Farbe dem Untergrund hier ganz besonders angepasst sein, um gute und vor allem dauerhafte Ergebnisse zu erzielen.

Lehmputze bestehen in der Regel aus einem Teil Lehm und drei Teilen Sand. Gerade im Lehmbau ist es wichtig, dass der Anstrich als ein Teil des Ganzen gesehen wird. Das Dampfdruckgefälle weist in einem Haus bei unserem Klima meistens von innen nach aussen, das heisst, Wasserdampf in Form von Luftfeuchtigkeit muss nach aussen gut abgegeben

Probeanstrich für eine Lehmoberflächenbehandlung.

werden können. Würde die Feuchtigkeit zu lange im Lehmputz verbleiben oder sich sogar stauen, würde dieser bald zerstört. Ausserdem könnte die Feuchtigkeit das Fachwerk angreifen und dort zu ernsthaften Schäden führen.

Erste Anforderung an den Anstrich eines Lehmputzes ist also immer Dampfoffenheit. Im weiteren müssen Farben ausgewählt werden, die auf Lehmputzen gut haften. Lehmputze müssen wegen ihrer hohen Saugfähigkeit grundiert werden, oder der Anstrich selbst wird in mehreren dünnflüssigen Schichten in den Putz eingearbeitet.

Kalkfarbenanstriche

Reine Kalkfarbenanstriche karbonatisieren auf Lehmputzen nicht mit dem Untergrund, wie es auf einem Kalkputz möglich wäre. Um eine ideale Haftung zu erlangen, braucht ein Kalkfarbenanstrich einen kalkhaltigen Untergrund. Sumpfkalkanstriche gelingen auf Lehmputzen trotzdem. Zum einen, wenn in den Putz bereits ein Teil Marmormehl (also Kalk) als Mörtelbestandteil eingearbeitet wurde. Dadurch entsteht wieder eine Karbonatisierungsgrundlage. Zum anderen sollte der saugfähige Putz durch ein mehrmaliges Tränken mit dünnflüssiger Kalkmilch aufgefüllt werden. Wenn diese tief genug eindringt, kann es zu einer mechanischen Verankerung zwischen den Putzkörpern kommen. Der oder die Zwischenanstriche können bereits mit Buntpigmenten abgetönt werden, wenn dies gewünscht ist.

Sehr vorteilhaft für Kalkanstriche ist das langsame Trocknen von frischen Lehmputzen, da die Karbonatisierung im feuchten Milieu gut voranschreitet. Ganz wichtig ist es natürlich, gut gelöschten Sumpfkalk zu benutzen, damit es später nicht zu Kalkspatzen kommt, das heisst Absprengungen nachlöschender Kalkkörner. Ein weiterer Vorteil neben der guten Dampfoffenheit ist die pilz- und algenabweisende Eigenschaft von Kalk. Zur Erhöhung der Strapazierfähigkeit dürfen den Kalkfarben bis zu 0,5 Prozent Leinölfirnis zugesetzt werden.

Kaseinfarbenanstriche

Kaseinfarben sind zunächst für den Innenbereich gedacht, bei ihrem Einsatz bleibt die Diffusionsfähigkeit voll erhalten. Bei einer richtig angesetzten Kaseinfarbe, wird ein ein- bis zweimaliger Anstrich eine ausreichende Deckfähigkeit ergeben. Auch das Einfärben in kräftigeren Farbtönen macht keine Probleme. Vor dem Anstrich mit Kaseinfarben sollten Kaseingrundierungen aufgebracht werden, die die Saugfähigkeit herabsetzen. (Die Herstellung und Verarbeitung ist auf Seite 32ff. ausführlich beschrieben.) Ob eine einmalige Grundierung ausreicht, kann nur ein Test ergeben, da jeder Lehmputz seinen individuellen Charakter hat.

Die Kaseingrundierung kann bereits ein klein wenig eingefärbt werden. Das führt dazu, dass der erste Anstrich möglicherweise bereits ausreichend deckt. Die Grundierung kann so kräftig angesetzt werden, dass alle losen Putzteilchen gebunden und damit ein Absanden verhindert wird. Ohne Einfärbung bleiben der Charakter und Farbton der unbehandelten Lehmoberfläche erhalten. Eine kleine Testfläche zeigt die richtige Mischung. Sollte diese Fixierung glänzend auftrocknen, ist sie überbunden und muss stärker mit Wasser verdünnt werden.

Silikatfarbenanstriche

Auch Wasserglasanstriche sind auf Lehmputz sinnvoll, da im Lehmputz Quarz-, sprich Silikatanteile, enthalten sind. Diese ermöglichen eine Verkieselung des Wasserglases mit dem Untergrund. Wichtig ist auch hier eine ausreichende Grundierung, damit die Silikate eine gute Eindringtiefe erreichen. Nur wenn sie sich an den Sandkörnern verankern können, wird ein wisch- und wetterfester Anstrich entstehen. Dieser ist dann allerdings sehr dauerhaft, da Silikate nur sehr langsam verwittern. Einfärben ist möglich. Wasserglasanstriche erhalten ganz besonders gut die Oberflächenstruktur des Lehmputzes, da sie nur sehr dünn aufgetragen werden.

Beispiele und Versuche

Vor gut drei Jahren wurde in Adliswil am Zürichsee ein Lehmhaus gebaut. Dabei wurden innen und aussen mehr als 15 Tonnen Lehmputz aufgebracht. Nachdem Kalkputze und Alaungrundierungen nicht befriedigt hatten, ging man im Aussenbereich neue Wege. Nach alten Rezepten wurde ein Aussenputz entwickelt, der sich bis heute sehr gut bewährt hat. Am Vorabend der Anwendung wurde Magerquark mit Borax vermischt, um den Kaseinaufschluss einzuleiten. Am nächsten Tag wurden in 6 Liter Quark-Borax-Gemisch mit einem hochtourigen Quirl zunächst 4 Deziliter und in einem weiteren Arbeitsgang noch einmal 6 Deziliter Leinölstandöl eingebracht. Diese Masse wurde so lange gequirlt, bis sie gut emulgiert war, danach konnte mit Wasser weiterverdünnt werden. Mit dieser Masse wurde der Lehmputz aussen – auch auf der Wetterseite – gestrichen.

Noch im experimentellen Stadium befindet sich die lehmbauliche Behandlung mit Eiweissklära und Schellackseife. *Eiweissklära* ist geschlagenes Eiweiss, das anschliessend mit Wasser kräfig verdünnt wird. Einmal verstrichen, wird sie durch UV-Strahlen absolut wasserunlöslich. *Schellackseife* wird zwar aus Schellack hergestellt, hat aber in der verseiften Form kaum noch etwas mit dem natürlichen Schellack zu tun. Schellackseife hat die interessante Eigenschaft, dass sie nur einmal wasserlöslich ist, im aufgetrockneten Zustand später jedoch absolut unlöslich geworden ist.

Ein ganz altes Rezept für Lehmoberflächen sind die sogenannten *Tonfarben.* Mit Lehm- oder Kalkmörtel geputze Fassaden wurden mit bunten, in Wasser streichfähig gemachten Tonsorten angemalt. Diese Flächen wurden später mit Tran oder Schweinefett kräftig eingerieben. Günstig wäre es sicherlich, in die Tonfarbe schon beim Anrühren etwas Öl einzumischen. Teilweise sollen Lehmputze auch einfach mit Standölen direkt imprägniert worden sein.

Sogenannte *murale Malerei* kann in allen Bindemitteltechniken ausgeführt werden. Die freskenähnlichen, mit der Wand verwachsenen Bilder entstehen allerdings hauptsächlich, wenn mit Kalkfarben gearbeitet wird. Gut geeignet sind die zarten Töne der Erdfarben, um das Wesen der Wand zu unterstreichen. Solche Bilder sollen nie aufgemalt erscheinen, sondern aus dem Putz herauswachsen, sie sollen seine Struktur eher beleben als überdecken.

Werkzeug, das richtige Zeug fürs Werk

So wie die Beschaffenheit des Anstrichmittels und der zu streichenden Untergründe eine grosse Rolle für das Ergebnis spielt, ist auch das Werkzeug von entscheidender Bedeutung. Der Pinsel muss elastisch, aufnahme- und abgabebereit für Farben und den Auftragsvorstellungen angepasst sein. Manch alte Technik des Malerhandwerks war an spezielle Werkzeuge gebunden; die Einführung neuer Werkzeuge wie des Farbrollers führte geradezu zu einer Umwälzung der Arbeitsabläufe. Wir möchten hier das Kapitel Pinsel näher beleuchten, da es uns die gesamte Problematik veranschaulicht.

Pinselmacher – ein Beruf mit Geschichte

Bilder und Wände mit natürlichen, handwerklich gefertigten Pinseln und Naturfarben gemalt, haben eine andere Qualität und vermitteln eine andere En-

Der Urpinsel, gerollter und geschlitzter Papyrus, darunter ein Dachsvertreiber und ein Zackenpinsel.

ergie als Standardbeschichtungen. Gute Farben verlangen nach guten Pinseln. Doch während das Angebot an guten Naturfarben wächst, suchen wir Pinsel, die allen Ansprüchen genügen, häufig vergeblich. Der traditionsreiche Beruf des Pinselmachers ist im Aussterben begriffen – verdrängt von billiger Massenproduktion und Synthetikprodukten. Dabei hat der Pinsel die kulturelle Entwicklung des Menschen von Beginn an begleitet; er gehört zu seinen ältesten Werkzeugen.

1926 wurde in Altamira, einer Höhle in Nordspanien, eine Art Maleratelier der Urzeit gefunden. Die Höhlen wurden vor etwa 20000 Jahren von den Cromagnonmenschen bewohnt. Es fanden sich Reibsteine zum Vermahlen von Erdpigmenten; die Farben wurden mit Tierfett und Blut als Bindemittel angesetzt. Ferner fanden sich diverse Röhrenknochen, in die teilweise Haare eingesetzt waren, Pinsel unterschiedlicher Dicke und Breite. Es finden sich hier sogar die «Vorläufer» der modernen Airbrushtechnik, da mit den Röhrenknochen wahrscheinlich auch angemachte Farben verblasen wurden. Über die folgenden Jahrhunderte wurde immer und ausschliesslich mit Naturmaterialien gearbeitet. Vogelfedern, Bambusstäbchen oder Papyrusfasern, ja teilweise sogar ganze Tierschwänze waren die Vorläufer erster primitiver Pinsel.

Das Pinselmachen galt lange Zeit neben der Zubereitung der Farben als eine der wichtigsten Aufgaben der Maler- und Schreiberlehrlinge. Die Berufsbezeichnung «Pinselmacher» kommt jedoch erst im ausgehenden 18. Jahrhundert auf. Die Herstellung der grossen Borstenpinsel gehörte ursprünglich zu den Aufgaben des Bürstenbinders. Dies wird durch viele zeitgenössische Abbildungen belegt. Da die Künste des Schreibens mit dem Pinsel und der Illustration vor allem in den Klöstern gepflegt wurden, waren diese lange Zeit auch die wichtigsten Stätten der Haarpinselherstellung. Der eigenständige, von den Zünften anerkannte Beruf des Pinselmachers erlebte im 18., 19. und bis zum Beginn des 20. Jahrhunderts seinen Höhepunkt. Noch 1907 gab es allein in Nürnberg 236 selbständige Pinselmacherbetriebe mit annähernd 3000 Mitarbeitern.

Wer heute einen nach den traditionellen Regeln des Handwerks arbeitenden Pinselmacher ausfindig machen will, muss ihn wie die berühmte Stecknadel im Heuhaufen der Billigimporte suchen. Der letzte selbständige Pinselmachermeister der Schweiz, Johann Bösse, lebt in Trimbach bei Olten im Kanton Solothurn. Die Haare und Borsten, die er für seine Pinsel verwendet, stammen ausschliesslich von freilebenden Tieren. Sie sind Teil des Werdens und Vergehens, fügen sich also – wie die anderen verwendeten Materialien – in den Naturkreislauf ein. Die Pinsel, in einer kleinen Werkstatt nach überlieferter handwerklicher Tradition hergestellt, sind für Naturfarbenmaler also wie gemacht, zumal auch eigene Wünsche eingebracht werden können. Sie sind zwar teurer als Billigimporte, doch die Rechnung geht allemal auf, da sie bei guter Pflege viel länger halten und darüber hinaus dazu beitragen, das Malen zu einem persönlichen Erlebnis zu machen. Gute Farben verlangen, damit sie voll zur Geltung kommen, auch nach guten Pinseln.

Das Pinselmachen ist weitgehend Handarbeit, bei der nur wenige Werkzeuge wie Rüstmesser, Hammer, Zange und Schere verwendet werden. Der Vibrator (auch Klopfmaschine genannt) «klopft» die Haare in eine gleichmässige Lage und Länge. Hinzu kommen noch Werkzeuge wie Hobel, Drehbank, Ziehklinge und allenfalls eine Fräse für die Holzbearbeitung. Das wichtigste Werkzeug des Pinselmachers sind seine Hände. So wichtig wie geschickte, ruhige Hände sind gute Ausgangsmaterialien. Die Qualität der Pinsel steht und fällt mit der Qualität der Borsten und Haare. Diese haben unterschiedliche Eigenschaften, die genau auf die jeweilige Anwendung abgestimmt sind.

Welche Borsten und Haare für welche Pinsel?

Pinsel können nach unterschiedlichen Gesichtspunkten eingeteilt werden. Nach ihrem Einsatzgebiet (Heizkörperpinsel, Deckenbürsten, Lackierpinsel usw.), ihrer Form (Kluppen-, Ring- oder Kapselpinsel) oder ihrem Herstellungsmaterial.

Haarpinsel

Alle Pinsel sollten vor der ersten Benutzung entstaubt und eventuell einmal ausgewaschen werden. Dies gilt vor allem, wenn Lackierarbeiten bevorstehen, da hier jedes Staubkorn, jedes Pinselhaar oder Teile davon das Ergebnis beeinträchtigen würde. Es gibt eine Unzahl spezieller Pinsel und sicher auch individuelle Vorlieben mancher Maler für ganz bestimmte Pinsel.

Das Haar des Rotmarders ist das qualitativ hochwertigste, aber auch teuerste Material für Pinsel. Marderhaarpinsel werden vor allem für feine Malerarbeiten gebraucht. Fehhaar (Eichhörnchen) ist noch weicher. Beide sind geeignet für Aquarell- und Tuscharbeiten und zum Vergolden. Fehhaar kann viel Tinte oder Farbstoff aufnehmen, und der Pinsel wird spitz wie eine Nadel. Er findet auch Anwendung für das Reinigen von Gläsern in der optischen Industrie.

Aus Marder- und Fehhaar werden auch *Schlepper* hergestellt. So nennt man langhaarige Pinsel, die zum Filetieren geeignet sind (damit ist das Ziehen feiner Linien und Einfassungen, wie beispielsweise in der Jugendstilmalerei, gemeint).

Eine besondere Spezialität sind Rindsohrhaarpinsel. Von drei Rindsohren kann man ungefähr 1 Gramm Pinselhaare von bis zu 14 Zentimeter Länge gewinnen. Man fertigt daraus *Aquarellpinsel*, *Strichzieher* und *Schlepper*, aber auch eine grosse Zahl unterschiedlicher *Malpinsel*. Die langhaarigen *Schläger* dienen zum Feinverteilen besonders von dünnen Farbschichten wie Lasuren.

Oben Modler für Birkenimitation, unten Rotmarder- und Fehhaar, die als Ausgangsmaterial für Pinsel dienen.

Die günstigeren Qualitäten des Rosshaars dienen der Herstellung von *Kalkbürsten,* bessere finden Verwendung als *Deckenbürsten.* Als Spezialität gelten *Polierbürsten* aus Rosshaar, mit denen zum Beispiel gewachste Oberflächen poliert werden. Aus Dachshaar werden die sogenannten *Vertreiber* gefertigt. Das feine, aber starke Haar erlaubt es, Lackierungen ganz fein zu verteilen. Gerade mit Borstenpinseln aufgetragene Ölfarben können so «verschlichtet» werden, dass kein Pinselstrich die glatte, ebenmässige Oberfläche stört. Der Dachshaarpinsel wird auch zum Vergolden gebraucht.

Es gibt eine lange Reihe weiterer Spezialpinsel. Der *Kluppenpinsel* beispielsweise ist ein runder, dicker Lackierpinsel. *Zackenpinsel* sind Pinsel mit mehreren Haarbüscheln, sie dienen zum Ziehen von Parallelstrichen, gerade in der Holzimitation. *Modler* ähneln den Vertreibern, sind aber kurzhaariger und werden unter anderem für Holzbeizungen eingesetzt. Solche Pinsel werden gelegentlich auch aus Ziegenhaar gemacht.

Borstenpinsel

Borsten sind widerstandsfähiger als andere Tierhaare. Borstenpinsel werden darum vor allem für gröbere Arbeiten benutzt. Die hellen (falben) Borsten sind weicher als die schwarzen. Der wesentliche Vorteil von Schweineborsten ist, dass ihre Spitzen aufgespalten sind. Auch beim abgearbeiteten Pinsel spalten sich die Borsten immer wieder aufs neue. Hinzu kommt eine schuppige und damit offene Oberfläche der Borsten. Der Pinsel kann aus diesen Gründen viel Farbe aufnehmen und sie gleichmässig und langsam beim Verstreichen wieder abgeben. Es gibt umfangreiche Erkenntnisse über Schweineborsten, so weiss man zum Beispiel, dass ältere Schweine bessere Borsten als Jungschweine liefern. Die beste Elastizität und Bruchfestigkeit weisen die Kammborsten der Wildschweine auf. Bis heute ist es nicht gelungen, eine Kunststoffborste von entsprechender Qualität zu entwickeln. Selbst die im Mikroflaggingverfahren hergestellten gespaltenen Kunststoffasern erreichen nicht die Qualität und Lebensdauer einer echten Tierborste. Zu erwähnen ist hier auch der Aspekt der Vermeidung von Sondermüll in Form von Polyamid, Nylon, Perlon oder Polyester.

Reine schwarze Schweineborsten eignen sich am besten für *Streichbürsten* und *Lackierpinsel* und ergeben, wenn viele Borsten eingebunden werden, ein starkes und elastisches Kleid. Auch *Plafond-* oder *Deckenbürsten* werden aus diesem Material hergestellt. Falbe Schweineborsten eignen sich ebenfalls für Streichbürsten und Lackierpinsel, sie sind jedoch weicher und werden hauptsächlich für Lasurarbeiten verwendet. Sogar für Arbeiten mit Kalk wurden mit falben Borsten gute Erfahrungen gesammelt.

Die *Stupfbürste* ist eine grosse Bürste, gefertigt aus falber und schwarzer Schweineborste. Stupfbürsten sind in verschiedenen Grössen erhältlich. Gemischte Schweineborsten finden vor allem als *Heizkörperpinsel* oder als *Decken-* und *Wandbürsten* Verwendung. Mit dem *Schläger* verteilt man frisch aufgetragene Lasurfarbe, besonders Pflanzenlasuren. Diese Pinsel sind breit, flach und haben bis zu 20 Zentimeter lange Borsten. Die besten Schläger werden aus Wildschweinborsten hergestellt. Diese verwendet man auch in der Holzimitationsmalerei für sogenannte Maserierungen.

Pflanzenfaserpinsel

Arbeiten mit stark alkalischen Farben beschädigen Naturborsten und -haare. Das Abbeizen oder Arbeiten mit Sumpfkalk und Wasserglas sind die einzigen Bereiche, in denen zu Fiberpinseln gegriffen werden sollte. Für feine Arbeiten mit Laugen müssen manchmal Borstenpinsel benutzt werden, diese sollten dann sofort nach Gebrauch mit viel Wasser gespült werden. Auch harte Bürsten zum Reinigen der Untergründe werden oft aus Pflanzenstengeln oder -wurzeln hergestellt. Eine härtere Variante sind dann nur noch die Drahtbürsten.

Für jeden Bedarf
das richtige
Handwerkszeug:
die Vielfalt der
Pinsel und Quaste.

Das Arbeiten mit dem Quast

Die Deckenbürste, oft auch Quast genannt, ist das ursprünglichste Malinstrument und wird überall dort verwendet, wo grosse Flächen gestrichen werden sollen. In der Zwischenzeit wurde der Quast jedoch von der Rolle beziehungsweise dem Farbroller weitgehend verdrängt. Dadurch haben sich sowohl die Erscheinung der Anstriche als auch ihre Qualität gewandelt. Während die Bürste das Anstrichmittel in die Oberfläche hineinarbeitet, gleitet die Rolle über die Oberfläche und reisst den Anstrich hinter sich ein wenig ab. Jeder kennt das Phänomen der vom rollenden Rad hochgeworfenen Regentropfen, hier der feinen Spritzer des zu schnell fahrenden Rollers. Mit dem Aufkommen des Rollers litt auch die Arbeitsqualität. Die verarbeitenden Maler gewöhnten sich schnell an die monotonen Bewegungsabläufe, an das kreuzweise Hin- und Herfahren mit dem Roller. Es konnte zügig gearbeitet werden, doch das Bild, das der Roller hinterlässt, ist monoton. Wenn wir mit dem Quast arbeiten, werden unsere Bewegungsabläufe fliessend wie die Farbe selbst und mit dem Trocknen im Anstrich dauerhaft abgebildet. Es entsteht der Eindruck, als fliesse die Farbe aus uns heraus direkt auf die Wand. Die so entstehenden inneren und äusseren Strukturen des Anstrichs mit seiner individuellen Atmosphäre unterscheiden sich grundsätzlich von einem Roll- oder Spritzauftrag ohne jede Ausstrahlung. Die gerollte Fläche bleibt in ihrer Homogenität unverbindlich und damit unverfänglich. Sie entspricht standardisierter Industrieleistung, mit Handwerksarbeit hat sie eigentlich nichts mehr zu tun.

Pinselreinigung und -pflege

Gute handwerkliche Anstrichergebnisse bekommt man nur mit sorgfältig gepflegten Pinseln. Wenn die gewünschte Borstenlänge nicht mehr gegeben ist, können Pinsel noch für weniger anspruchsvolle Arbeiten wie Grundierungen, Vor- oder Zaunanstriche benutzt werden. Billige Einwegpinsel kommen nicht in Frage, da erstens immer Anstrichreste mit weggeworfen werden und ausserdem die Billigpinsel keine guten Anstriche zulassen. Gute Pinsel aus Naturmaterialien, die oft etwas teurer sind, sollten trocken und mottensicher aufbewahrt werden. Vor dem Gebrauch werden sie in Wasser gelegt (ruhig über Nacht), um aufzuquellen. So vermeidet man unnötiges Haaren, was mit dem Gebrauch allerdings sowieso abnimmt.

Nach dem Malen mit Kasein- oder anderen wasserverdünnten Farben werden die Pinsel einfach in Wasser ausgewaschen, um den Wasserverbrauch zu reduzieren, am besten in einem Eimer mit Wasser. Die Pinsel werden ganz eingetaucht und am Grund oder am Rand tüchtig ausgedrückt. Es lohnt sich, die Reinigung sofort nach Beendigung der Arbeit vorzunehmen, da dann die Farbreste noch weich und leicht auszuwaschen sind. Das Wasser muss nicht allzu häufig gewechselt werden, da sich die Feststoffe bald am Grund absetzen. Viele Malerbetriebe haben sich eine eigene kleine Waschanlage mit zwei Becken für Vor- und Nachwäsche gebaut. So kann sich der Farbschlamm über längere Zeiträume ansammeln und muss nur selten entsorgt werden. Wenn man die Zusammensetzung der Farben genau kennt, kann man die Reste sogar über den Komposthaufen entsorgen. Voraussetzung ist, dass ausschliesslich Erdpigmente, natürliche Bindemittel und Wasser als Lösungsmittel enthalten sind. Zur letzten Reinigung spülen wir die Pinsel kurz unter fliessendem Wasser aus.

Die gewaschenen Pinsel werden mit den Borsten nach oben (nie auf die Borsten) in einen leeren Eimer gestellt oder aufgehängt. So trocknet der Pinsel schnell und die Borsten werden nicht deformiert. Werden die Pinsel am nächsten Tag wieder gebraucht, erübrigt sich ein Auswaschen. Die Pinsel werden einfach in eine Plastiktüte eingewickelt, die mit einem Klebeband um den Pinselstiel luftdicht verschlossen wird.

Etwas schwieriger sieht es natürlich bei Ölfarben und Lacken aus. Ölfarben können grundsätzlich mit Seife ausgewaschen werden, da die Öle ihrerseits verseifen und dadurch wasserlöslich werden. Einige der handelsüblichen naturharzgebundenen Farben hinterlassen allerdings leicht klebrige Pinsel. Dies geschieht vor allem dann, wenn die Farben viel Harz enthalten. Zum Auswaschen dieser klebrigen Harze eignet sich eine Emulsion aus Terpentinöl und Pflanzenseife im Verhältnis 1:1. Unter Zugabe von Wasser (mindestens 1 Teil) erhalten wir eine sehr kräftige Reinigungsemulsion, die sich auch zum Entfernen von starken Verschmutzungen oder Farbflecken sowie zum Auffrischen von Parkettböden beziehungsweise rohem oder gestrichenem Holzwerk eignet.

Marseiller Seife ist eine fette und milde natürliche Olivenseife. Sie hat gerade im Malerhandwerk eine lange Tradition als Reinigungs- und Pflegemittel. Maler und berühmte Künstler reinigten ihre Pinsel nicht nur mit dieser Seife, sondern pflegten sie auch damit. Auch den Malerhänden tat diese Pflege wohl. Auf diese Weise werden Borsten und Haare der Pinsel immer schön geschmeidig gehalten. Lack- und Ölfarben werden zuerst in Balsamterpentinöl und danach mit Olivenseife ausgewaschen und schliesslich mit Wasser gespült. Unnötiges Auswaschen der Pinsel ist aus Gründen der Umweltbelastung zu vermeiden. Lack und Ölfarbenpinsel können auch in Terpentin gelagert werden. Borstenschonend geschieht dies, indem der Deckel eines Schraubglases mit einem Loch versehen wird. Der Pinselstiel kann dann mit Glaserkitt (Leinöl und Kreide) in dieser Öffnung vorübergehend befestigt werden, so dass die Borsten im Verdünner hängen. Herausgelöste Öl- und Pigmentreste sammeln sich auf dem Grund des Glases und können entsorgt oder sogar in minderwertigen Farben verarbeitet werden. Als Zuschlag etwa für den Anstrich eines Gartenzauns sind diese Reste nicht zu verachten.

Buntes aus der Natur – das Einfärben mit Pigmenten

Farbstoffe und Pigmente

Die Natur ist voller Farben. Kolibris und Schmetterlinge werden gern als Edelsteine und Kleinode der Lüfte bezeichnet, wohl wegen ihrer schillernden und leuchtend bunten Farben. Auch Blumen und selbst Flechten können uns mit ihrer Farbenpracht überwältigen, und nicht zuletzt Mineralien, ja sogar bunte Erden, wie sie an Steilküsten oder in Steinbrüchen offen liegen, besitzen eine beeindruckende Buntheit.

Doch wir wissen auch, wie ein Blumenstrauss nach einigen Tagen verblichen ist oder wie ein prächtig bunter Fisch nach kurzem Landaufenthalt aussieht. Nach wenigen Stunden, ja manchmal schon nach Minuten ist die ganze Schönheit dahin. Dennoch holt sich der Mensch seit Urzeiten die Farben aus der Natur ins Haus. Ihre Vergänglichkeit kann nur selten vollständig überlistet werden, aber eine

Die Farben der Natur
sind immer harmonisch und
wohltuend für unsere
Sinne.

geschickte Auswahl ermöglicht es uns, eine ganze Reihe von Farbstoffen zu nutzen, die sich als sehr beständig erweisen. Die Buntheit wird immer durch stoffliche Eigenschaften bestimmt, es soll uns an dieser Stelle als Erklärung genügen, dass jedes Material durch unterschiedliche innere Beschaffenheit andere Wellenlängen des Lichts reflektiert. Die Farbe, die wir sehen, ist also abhängig vom Material, das betrachtet wird. Die Kolibrifedern sind anders gebaut als eine Tomate und diese wiederum anders als gelbe Tonerde. Das klingt vielleicht etwas merkwürdig, aber auf den optischen Eindruck bezogen, darf man all diese Dinge gewiss nebeneinanderstellen.

Für uns ist wichtig, ob der Stoff, der die Farbe ausmacht – nennen wir ihn ruhig einmal Farbstoff – zu isolieren und zu gewinnen ist, und vor allem, ob er dann auch stabil ist. Während beispielsweise lebendiges, organisches Material oft schnellem biologischem Abbau unterliegt, sind bunte Erden fast unzerstörbar. Ganz entscheidend ist auch die Lichtechtheit, das heisst die Widerstandsfähigkeit eines Materials gegen die UV-reiche Sonneneinstrahlung. Ob buntes Material zur Farbenherstellung eingesetzt werden kann, wird später noch von einer Reihe weiterer Faktoren beeinflusst.

Zu unterscheiden sind echt lösliche Farbstoffe und feste Farbkörper. Erstere sind die überwiegend aus Pflanzen gewonnenen Farbsubstanzen. Die festen Farbkörper finden sich im Reich der Pigmente; diese sind es, die uns im Zusammenhang mit Baumalerfarben vor allem interessieren. Mit Farbstoffen werden meist Textilien gefärbt, da sich die kleinsten Teilchen der molekularen Lösung gut an natürliche Fasern (Wolle, Seide, Flachs usw.) anbinden (man nennt dies auch aufziehen) können. In der Anstrichfarbenherstellung werden höchstens Lasurfarben aus pflanzlichen Rohstoffen hergestellt, wie einige Naturfarbenhersteller sie anbieten. Es gibt zwar gewisse Probleme mit der Lichtechtheit dieser Farben, trotzdem sind sie so interessant, dass wir sie unter den natürlichen, organischen Pigmenten mit abhandeln. Ein weiterer Bereich sind die Substratfarbstoffe, gelöste flüssige «Farben», die dazu dienen, neutrale Körper «bunt zu machen».

Alle hier behandelten Anstrichmittel sind Dispersionsfarben. Dispersionen sind Feinstverteilungen von Festkörpern in Flüssigkeiten. Gelegentlich werden diese Farben darum auch Körperfarben genannt, die Farbkörper heissen Pigmente. Es gibt eine riesige Anzahl von künstlichen Pigmenten. Viele gehören in den bereits genannten Bereich der gefällten Farbstoffe. Sie entstammen fast alle der Chemie der «Mineralölveredelung». Uns sollen hier nur die *natürlichen Pigmente* interessieren, wobei wir schnell an die Grenzen dieser Definition stossen. Grundsätzlich ist ja auch Mineralöl etwas Natürliches, und das Brennen einer bunten Erde verändert zwar grundlegend die innere Struktur des Materials, aber bleibt es nicht natürlich? Schwierig zu beantworten ist diese Frage bei den Mineralpigmenten, bei denen zwar reine, natürliche Stoffe eingesetzt werden, aber durch gelegentlich aufwendige Verfahren eine Synthese stattfindet.

Die folgende Tabelle bietet zunächst einen Gesamtüberblick und eine Einteilung in natürliche, künstliche, anorganische und organische Pigmente. Dies entspricht der gängigen Nomenklatur. Ferner bezeichnen wir die ungiftigen Vertreter und nennen zum Vergleich auch giftige Vertreter der jeweiligen Bereiche. Anschliessend werden einzelne Pigmente der unterschiedlichen Gruppen etwas ausführlicher vorgestellt.

Erdpigmente

Erdpigmente sind sortenreine fein vermahlene Erden. Viele der Erdfarben haben ihre Namen nach berühmten Fundorten oder Landstrichen, wie die Terra di Pozzuoli aus der Nähe von Neapel oder die böhmischen Grünerden. Manche Fundorte haben

Pigmentfarbstoffe nach ihrer Herkunft

anorganische Pigmente		*organische Pigmente*	
natürliche: Erdfarben	künstliche: Mineralfarben	natürliche: Tier- und Pflanzenfarben	künstliche: Teerfarbenpigmente
ungiftig:	ungiftig:	ungiftig:	ungiftig:
Umbren	Englischrot	Indigo	Maigrün
roter Bolus	Caput mortuum	Krapplack	Kalkgelb
Schiefergrau	Ultramarinblau	Schüttgelb	Kalkrot
Persischrot	Ultramarinviolett	Casseler Braun	Echtorange
Ocker	Eisenoxidschwarz	Asphalt	Kalkviolett
Manganschwarz	Titandioxid	Rebschwarz	Universalblau
Grünerden	Titanweiss	Indischgelb	Resedagrün
Veronesergrün	Chromoxidgrün	Karminlack	usw.
Graphit	Chromoxidhydratgrün	Florentinerlack	
Kreide	Eisenoxidrot	Sepia	
Kalkspat	Eisenoxidgelb	Elfenbeinschwarz	
Terra di Siena	Nickeltitangelb	Knochenschwarz	
Schieferschwarz	Spinellpigmente		
Spanischrot			
Terra di Pozzuoli			
Ton			
Dolomit			
giftige:	*giftige:*	*giftige:*	*giftige:*
Azurit	Bleiweiss	Gummigutt	
Malachit	Schweinfurtergrün		
Auripigment	Chromgelb		

sich erschöpft, andere Erdfarben gibt es so reichhaltig an den unterschiedlichsten Fundorten, dass mit einem Versiegen nicht zu rechnen ist. Wir werden auf solche Besonderheiten bei den Einzelpigmenten eingehen.

Gemeinsam haben die bunten und ebenso die weissen Erden, wie beispielsweise Kreide, dass sie alle im Tagebau gebrochen werden. In der Regel sieht so etwas wie eine Kiesgrube oder ein Steinbruch aus. Die Erden werden abgegraben, gebrochen, gemahlen und sortiert. Es gibt unterschiedliche Verfahren, vom Sieben auf Schüttelrosten über das Schlämmen in Wasserbädern bis hin zum Windsichten. Immer sind es relativ einfache und überschaubare Verfahren, bei denen es darum geht, die Pigmente in reiner und feiner Form zu gewinnen.

Eine kleine Auswahl von mineralischen und Erdpigmenten (im Vordergrund Glimmer).

Beim Windsichten beispielsweise werden die gemahlenen Erden in einen Windkanal geblasen, die feinsten Teile legen den längsten Weg zurück, während schwereres Material schneller zu Boden sinkt. Für alle Pigmente ist Feinkörnigkeit eines der bedeutendsten Merkmale. Wer will schon später «Krümel» an der Wand haben. Gute Pigmente liegen in einem Korngrössenbereich von wenigen Mikrometern. Die Feinheit bestimmt nicht zuletzt auch den Farbton.

Wir wollen hier nun in willkürlicher Reihenfolge einige Erdfarben mit ihren interessantesten Aspekten vorstellen.

Umbra

Umbra besteht aus Manganoxid, Eisenoxid und Ton. Die Umbren haben verschiedene Farbtöne, von leicht gelblich bis ins Rötliche oder auch ins Grünliche gehend. Der Farbton wird durch den Eisenoxidgehalt bestimmt. Wenn von Umbra die Rede ist, denkt man meist zuerst an einen braunen Farbton. Grünliche Bestandteile in der Umbra sind Eisensilikate. Die echte, natürliche grüne Umbra kommt aus Zypern und ist blassolivgrün. Es gibt viele ähnliche Sorten, die sich überall auf der Erde in etwas unterschiedlichen Zusammensetzungen finden. Das wesentliche der Umbren ist, dass sie Manganoxid enthalten und dadurch in öligen Bindemitteln wie Leinöl eine katalytische Wirkung haben, was zu besonders guter und schneller Trocknung beiträgt. Das Mangan ist nämlich zugleich eine Art Trockenstoff (Sikkativ). Umbren eignen sich für alle Bindemittelarten. Allerdings sind heute auch Umbren im Handel, die mit Chromoxidgrün geschönt sind. Dieses Schönen ist nur durch teilweise recht einfache Analysen festzustellen. Es dient durch einen relativ kleinen Zusatz von Mineralpigmenten der Erzeugung kräftigerer Farbtöne.

Eine westafrikanische
Frau beim Anrühren gelber
Erdpigmente. Mit der Paste
werden auch Kleinkinder
eingestrichen, um sie vor
Masern zu schützen.

Grüne Erde (Veronesergrün)

Klassische Grüne Erde besteht aus Eisensilikaten und Ton. Die Grünen Erden sind ursprünglich ein Verwitterungsprodukt vulkanischen Gesteins (Augit). Die grünste aller Grünen Erden ist das sogenannte Veronesergrün, das aber kaum noch im Handel ist und vor allem nicht mehr den grünspanartigen Farbton besitzt, den es früher hatte. Die Vorkommen wurden bis in die dreissiger Jahre im grossen Stil abgebaut und sind weitgehend erschöpft. Grüne Erde ist mit allen Bindemittelarten verträglich, hat aber nur ein geringes Färbevermögen, das heisst, um beispielsweise weisse Farbe abzutönen, müsste man sehr grosse Mengen einsetzen, um überhaupt einen Effekt zu erzielen. Grüne Erde ist heute vorwiegend ein Basisprodukt, auf das organische Pigmente, vorwiegend Teerfarbstoffe, gefällt, das heisst angelagert werden.

Ocker, rot und gelb

Ocker setzt sich aus Eisenoxidhydraten und Ton zusammen, es ist sozusagen ein wasserhaltiges Eisenoxid. Die Ocker entstehen durch Verwitterung eisenhaltiger Gesteine. Der hellste ist der gelbe, französische Ocker. Rötlichere und dunklere Farbtöne haben einen höheren Gehalt an Eisenoxid oder Manganoxidbeimengungen. Ocker sind weltweit verbreitet. Alle Ockerarten sind sehr lichtecht, färben in der Regel sehr gut und haben ein gutes Deckvermögen. Durch Glühen von natürlichem gelbem Ocker entsteht der sogenannte rote Ocker. Einen entsprechenden Vorgang kann man beobachten, wenn aus gelben Steinen beim Brennen rote Ziegel entstehen. Die Zusammensetzung des roten Ockers besteht lediglich noch aus Eisenoxid und Ton. Der Eisenoxidgehalt schwankt zwischen 5 und 95 Prozent. Namen für spezielle Sorten von roten Ockern sind: roter Bolus, Rötel (in Stücken oder gepulvert) und gebrannter Ocker. Die eisenoxidreicheren Sorten heissen: Spanischrot, Persischrot, Englischrot oder Oxidrot. Diese werden heute allerdings vorwiegend aus synthetischen Eisenoxiden hergestellt. Rote Ocker lassen sich in alle Bindemittel einrühren, haben eine gute Deckfähigkeit und sind absolut lichtecht.

Kreide

Kreide ist ein ziemlich weiches Gestein, das durch Ablagerung von Kalkskeletten verschiedener Meerestiere entstanden ist. Ein riesiges Kreidebecken erstreckt sich von Frankreich über England, Schweden und Dänemark bis nach Deutschland. Kreide ist in ausreichenden Mengen für die nächsten Jahrtausende verfügbar, der Abbau findet immer im Tagebau statt. Man sollte sich erkundigen, von welchen Fundorten die Kreide stammt, da die Ausbeutung häufig landschaftszerstörend ist, wie die aktuellen Auseinandersetzungen im Burgund zeigen. Im Handel sind Rügener Kreide, Söhlder Kreide, Holsteiner Kreide, Schwedische Kreide und Champagne-Kreide. Sie unterscheiden sich leicht im Farbton, von weiss bis graustichig, manchmal geht er sogar ein bisschen ins Gelbliche über. Der Farbton beziehungsweise Weissgrad ist abhängig vom Fundort und von möglichen Verunreinigungen. Zum Herstellen von Farben sollten besonders feine, das heisst gut vermahlene und weisse Kreidesorten genommen werden. Verwendet man dafür die frühere Sportplatzkreide oder auch Gartenkalk, als solcher wird Kreide heute gern benutzt, führt dies häufig zu frustrierenden Ergebnissen. Kreide ist absolut lichtecht und mit allen anderen Erdpigmenten gut mischbar. Sie hat in wässerigen Bindemitteln, wie Kasein und Leim, ein sehr gutes Deckvermögen. Kreide dient gleichzeitig als Füllstoff, als welcher sie Masse in den Anstrich hineinbringt.

Kalkspat

Kalkspat ist wie Kreide ein Kalziumcarbonat. Er hat allerdings eine völlig andere mineralische Struktur. Kalkspat heisst auch Kalzit. Im Unterschied zur Kreide deckt er in wässerigen Bindemitteln nicht so gut wie Kreide, ist dafür aber weisser. Schwerspat ist schwefelsaures Barium. Es ist, wie der Name schon sagt, ein schweres Mineral. Schwerspat galt, als man die Farben noch nach Gewicht und nicht nach Volumen (Litern) verkaufte, als sogenanntes «Dividendenpigment». Er wird heute vorwiegend in Spachtelmassen eingesetzt. Auch im Unterbodenschutz und für Antidröhnmassen bei Autos wird er gelegentlich verwendet, da es aufgrund des hohen Gewichts eine gute Schallschutzfunktion erreicht.

Schiefergrau

Schiefergrau ist gemahlener Tonschiefer. Der Kohlenstoffanteil im Tonschiefer ist der färbende Bestandteil. Je mehr Kohlenstoff enthalten ist, desto grauer wirkt der Schiefer. Tonschiefer wurde durch den Druck von Gebirgsmassen, die über dem Schiefer liegen, zusammengepresst. Tonschiefer gibt es in Deutschland im Rheinischen Schiefergebirge, auch sonst sind sie weltweit recht häufig. Schiefergrau hat ein relativ schlechtes Färbevermögen und wird daher kaum als Pigment eingesetzt. Gut geeignet ist es allerdings für den Einsatz in Spachtelmassen und für das Abtönen von Kalkfarben.

Eisenglimmer

Eisenglimmer ist kristallines Eisenoxid, chemisch Fe_2O_3. Natürliche Eisenglimmer kommen überall auf der Erde vor, in Europa vorwiegend in Österreich. Der Farbton ist schwarzgrau und ein wenig glitzernd. Als Buntpigment wird es kaum benutzt, da es nur ein sehr geringes Färbevermögen hat. Eine wesentliche Eigenschaft von Eisenglimmer ist die hervorragende Rostschutzwirkung. Aus Eisenglimmer und Leinölen wird beispielsweise die sogenannte Schuppenpanzerfarbe hergestellt. Solche Rostschutzanstriche sind von der Bundesbahn zugelassen, sofern der Eisenglimmer einen Eisenoxidgehalt von mindestens 90 Prozent hat. Ein schönes Beispiel für die Wirksamkeit dieser Rostschutzfarben ist der Pariser Eiffelturm.

Farbige Felsen auf der Vulkaninsel Stromboli.

Graphit

Graphit ist kristalliner Kohlenstoff. Er wird durch die Aufbereitung von Graphiterz gewonnen. Graphit wird als Schwarzpigment kaum benutzt, da es sich nur schwer benetzen lässt. Das Haupeinsatzgebiet liegt wie beim Eisenglimmer im Rostschutz. Hier wird vorwiegend der grossschuppige Graphit, sogenannter Schuppengraphit benutzt, der mindestens 75 Prozent Kohlenstoff enthält. Graphitpigmente eignen sich auch zur Herstellung von elektrisch leitfähigen Farben.

Talkum

Talkum ist kieselsaures Magnesium und wird natürlich gewonnen. Es wird gemahlen und wie oben beschrieben gewindsichtet. Talkum wird als Zusatzstoff eingesetzt, genauer gesagt als Füllstoff, um eine bessere Oberfläche zu erhalten. Teilweise wird es auch im Rostschutz als Antiabsetzmittel benutzt. Durch sein geringes spezifisches Gewicht hält es sich selbst und andere Pigmente lange in der Schwebe, so dass diese nicht auf den Grund sinken. Wichtig ist auch der Einsatz als Mattierungsmittel, wodurch Anstriche samtmatt oder ganz matt werden können. Talkum kann auch als Polier- und Glättungsmittel benutzt werden, was beispielsweise für Schellackpolituren interessant ist. Durch behördliche Überwachung ist sichergestellt, dass nur asbestfreie Sorten in den Handel gelangen.

Auripigment

Die Natur liefert auch knallige anorganische Pigmente. Diese knalligen Pigmente – wobei die Betonung auf knallig liegt – sind fast durchweg extrem giftig. Vielleicht sollten wir uns dieses Merkmal zur Hilfe nehmen und mit allen leuchtend bunten Farben etwas vorsichtiger umgehen.

Auripigmente sind wunderschöne natürliche gelbe Pigmente. Mineralogisch oder chemisch sind sie ein Arsensulfit. Auch Massikot und Realgar sind natürliche anorganische Pigmente von ähnlicher Giftigkeit. Massikot ist ein gelbes Bleioxid, Realgar ist ein orangerotes Arsensulfit. Auch Azurit, Malachit und Grünspan, alles Kupferpigmente, ergeben zwar ein schönes Blau oder Grün, sind aber trotzdem nicht der Gesundheit förderlich.

Mineralpigmente

Als Mineralpigmente werden künstliche anorganische Pigmente bezeichnet. Es handelt sich nicht um gemahlene Mineralien, die dann gereinigt in den Handel kommen, sondern es sind anorganische Materialien, die in teilweise sehr komplizierten chemischen Verfahren miteinander verbunden werden, um als Resultat oder Syntheseprodukt ein Mineralpigment zu ergeben. Zu diesen Verfahren gehört beispielsweise die Oxidation, durch welche Zinkweiss und Zinkoxid oder auch Bleimennige hergestellt werden, oder das Abspalten von chemisch gebundenem Wasser durch Erhitzen. Dieses Verfahren heisst auch Rösten oder Kalzinieren, auf diese Weise werden Eisenoxidpigmente künstlich hergestellt. Ein weiteres Verfahren ist das Verschmelzen verschiedener Stoffe zu neuen chemischen Verbindungen. So werden Neapelgelb, Chromoxidgrün, Chromoxidhydratgrün oder auch Zinnoberrot hergestellt. Auch lösliche Salze lassen sich zusammenmischen, die Farbstoffe werden ausgefällt. Beispiele sind Lithopone, Chromgelb oder die Cadmiumpigmente. Weitere Verfahren sind die chemischen Reaktionen mit Laugen oder Säuren. So werden vor allem die Chrompigmente oder auch Zinkchromat hergestellt.

Die synthetischen Mineralpigmente erreichen feurigere Farbtöne als zum Beispiel die Erdpigmente. Auch wenn im Hausgebrauch die sanfteren Töne der natürlich zu findenden Pigmente meist ausreichen, haben die leuchtend bunten Mineralfarbenpigmente ihren besonderen Reiz. Die Herstellung von Eisenoxidpigmenten ist, auch unter ökologischen Gesichtspunkten, unproblematisch. Eisenoxidgelb wird beispielsweise durch einfache Oxidation und Hydrolyse von Eisensulfaten hergestellt. Eisenoxidrot entsteht durch Brennen des Gelbs. Problematischer dagegen sind andere Pigmente wie Neapelgelb, zu dessen Herstellung Bleinitrat und Antimonverbindungen mit Kochsalz geglüht werden. Neapelgelb findet sich in Dispersions- und Lackfarben. Auch wenn viele dieser Farben für den Anwender ungiftig und ohne Gefahren zu handhaben sind, entstehen doch am Ort der Herstellung Problemstoffe. Bei manchen Produktionen übersteigt die Menge an Sondermüll das gewonnene Pigment um ein Vielfaches. Für Naturfarben kommen diese Pigmente konsequenterweise nicht in Frage. Chromgelb, das frühere «Postgelb», war beispielsweise wegen seiner Giftigkeit besonders umstritten.

Die Post ist inzwischen auf Spinellgelb umgestiegen. In Naturfarben kommt regelmässig nur eine kleine Auswahl von Mineralfarben zum Einsatz, bei denen die Naturfarbenhersteller sich weitgehend einig sind, dass eine Verwendung vertretbar ist.

Chromoxidgrün

Chromoxidgrün (drei- und sechswertiges Chrom) wird als «Schönungspigment» akzeptiert, da die natürlich auffindbaren Pigmente kein Grün ergeben, das von jedermann auch als solches bezeichnet werden würde. Chromoxidgrün entsteht durch gemeinsames Glühen von Kali, Bichromat und Schwefel. Die Produktion ist noch einigermassen überschaubar. Es entsteht ein kräftiggrüner Farbton mit einem hervorragendem Deckvermögen, der ausserdem sehr lichtbeständig und auch extrem wetterfest ist. Er kann in allen Bindemittelsystemen eingesetzt und mit allen Pigmenten gemischt werden.

Titandioxid

Für die weissen Mineralpigmente gilt ähnliches. Die Hauptvertreter sind Titandioxid, Lithopone, Zinkweiss und Zinkoxid. Bleiweiss und Blancfixe werden kaum noch hergestellt, sie dürfen wegen ihrer Giftigkeit teilweise nicht mehr eingesetzt werden. Beim Titandioxid gibt es zwei Sorten: Anatas und Rutil. Anatassorten können nur im Innenbereich eingesetzt werden, die Rutilsorte ist auch wetterbeständig. Die Herstellung ist nicht unproblematisch. Bekannt geworden ist Titandioxid durch die Verklappung von Dünnsäure in der Nordsee.

Die Herstellung von Titandioxid findet in zwei Verfahren statt: Im Sulfatverfahren wird das Erz (Illmenit) mit konzentrierter, heisser Schwefelsäure gelöst und dann in einem sogenannten Drehofen zu Titandioxid umgewandelt. Die dabei abfallende Dünnsäure wurde früher verklappt. Heute wird sie recycelt und zu einem guten Teil wiederverwendet, Reste bleiben trotzdem als Sondermüll zurück.

Ein anderes Herstellungsverfahren ist das Chloridverfahren. Hier fällt zwar keine Dünnsäure an, aber das Titanerz wird mit Chlor angegriffen, durch anschliessende Hitzebehandlung entsteht Titandioxid. Die Abwässer sind chlorhaltig und führen zu einer enormen Belastung der Umwelt mit chlorierten Kohlenwasserstoffen. Wenn also Titandioxid in ökologischen Farben aus technischen Gründen eingesetzt werden muss, sollte es wenigstens aus dem Sulfatverfahren mit Dünnsäurerecycling kommen.

Ultramarinblau

Natürliches Ultramarinblau wird in einem aufwendigen Verfahren aus dem Halbedelstein Lapislazuli gewonnen. Es wurde bereits in alten ägyptischen Schatzkammern verwendet. Im Mittelalter wurde es dann aus dem Orient nach Europa importiert. Es war das Blau von jenseits der Meere, daher auch der Name. Marco Polo hat bereits 1271 ein Verfahren beschrieben, nach dem man das Pigment aus dem Stein extrahieren konnte. Auch Goethe fand bei seiner Italienreise in einem verlassenen Sulfatofen blaue Überzüge und meinte, dass es sich um künstlich gebildeten Lasurstein handle. Er hatte gar nicht so unrecht, denn Schwefel wird sehr viel bei der Herstellung von Ultramarinblau eingesetzt.

Synthetisch hergestellt wurde Ultramarinblau erst Anfang des 18. Jahrhunderts, und zwar im Zusammenhang mit einem Preisausschreiben. Der Erfinder, dem es gelang, das Ultramarinblau synthetisch herzustellen, konnte 6000 Francs gewinnen. Da alle völlig verrückt nach diesem Blau waren, entstanden viele Ultramarinfabriken. 1878 gab es bereits 32 Fabriken, die Ultramarinblau herstellten, in Deutschland allein 23. Die grösste wurde von Bayer in Leverkusen gegründet, sie war der Ursprung eines Chemie-Weltimperiums. Ultramarinblau besteht aus rund 20 Prozent Natrium, 15 Prozent Aluminium, 20 Prozent Silizium, 15 Prozent Schwefel und einem Rest Sauerstoff. Hergestellt wird Ultramarinblau, indem man Porzellanerde, Quarzsand, Soda und Schwefel mit etwas Holzkohle mischt und 60 bis 100 Stunden auf 700 °C erhitzt. Zuerst bildet sich ein Ultramaringrün, später wird daraus ein Ultramarinblau. Über die unterschiedliche Steuerung des Verfahrens können diverse Ultramarinfarben hergestellt werden.

Natürliche organische Pigmente

Natürliche organische Pigmente kommen aus dem Tier- und Pflanzenreich. Es sind meist gelöste Farbstoffe, die hauptsächlich zum Färben von Wolle und in Tuschen verwendet wurden. Für Malfarben werden gelöste Farbstoffe nur selten eingesetzt. Allerdings kann man eine ganze Reihe dieser gelösten Farbstoffe auf neutrale Stoffe fällen. Weil gerade die Geschichte dieser Farbstoffe sehr interessant ist und die gesellschaftliche Bedeutung der Färberei veranschaulicht, seien einige Beispiele erwähnt, auch wenn sie in unseren Anstrichmitteln kaum wieder auftauchen werden.

Purpur

Der «Saft» der Purpurschnecke, ein Sekret aus ihren Drüsen, gehört zu den ältesten und bedeutendsten Textilfarbstoffen der Menschheit. Nur die Obersten aus Adel und Klerus konnten sich in Purpur kleiden, da man rund 12 000 Schnecken brauchte, um 1,5 Gramm Purpurfarbstoff zu gewinnen. Bis Mitte des 15. Jahrhunderts wurden die Kardinalsgewänder ausschliesslich mit Purpur gefärbt. Abgelöst wurde die Purpurfärberei nach grösseren Alaunfunden in der Nähe von Rom. Papst Pius II. ordnete an, die Kardinalsgewänder nicht mehr mit Purpur, sondern mit dem Farbstoff der Kermeslaus zu färben. Hierfür benötigte man Alaun zum Fixieren. So war eine ausreichend grosse Nachfrage für die Alaunvorkommen sichergestellt – Beispiel eines sehr modernen «Marketings».

Eine andere, aber auch nicht tierfreundlichere Färbemethode hatten die Indianer in Zentralamerika. Sie zogen die Baumwollfäden einfach über die Farbdrüsen der Schnecken. Die Schnecken fanden das natürlich nicht sehr angenehm und sonderten daraufhin reichlich von ihrem Farbstoff ab, mit dem sie eigentlich Angreifer abwehren.

Indischgelb

Indischgelb ist ein lasierend gelber Farbton, der aus dem Harn von Kühen, die mit Blättern des Mangobaumes gefüttert wurden, gewonnen wird. Aus Tierschutzgründen – die Kühe bekamen nur wenig zu trinken –, vielleicht aber auch vor einem religiösen Hintergrund wurde Indischgelb 1921 verboten. Der stark gefärbte Urin der Kühe wurde durch Eindampfen konzentriert, wobei sich der gelbe Farbstoff abschied. Eine Kuh lieferte etwa 50 Gramm Indischgelb pro Tag. Der goldgelbe Farbton wurde vorwiegend für Künstlerfarben benutzt. Er entspricht dem Farbton der Blütenblätter deutscher Schwertlilien. Dieser gelbe Farbstoff findet sich in mehreren Pflanzen wieder, neben den Mangoblättern auch in den Wurzeln des gelben Enzians, in den Blütenblättern der deutschen Schwertlilie und im sogenannten Drachenblutharz.

Karmin

Karmin ist ein löslicher Farbstoff aus getrockneten Cochenilleschildläusen. Die Weibchen dieser Läuse sitzen auf der Fackeldistel oder auf Feigenkakteen in Mexiko oder auf den Kanarischen Inseln und erzeugen einen roten Farbstoff. Die Cochenilleläuse werden seit dem Mittelalter gezüchtet. Auf einem Hektar werden etwa 300 Kilogramm Cochenilleläuse gezüchtet; für ein Kilogramm Lausmasse braucht es rund 140 000 Tiere. Auf Teneriffa wurden Mitte des letzten Jahrhunderts 750 000 Kilogramm Läuse gezüchtet. Die Tiere werden kurz vor der Eiablage gesammelt und durch Hitze getötet. So entstehen die silberglänzenden Cochenilletypen. Eine andere Tötungsvariante besteht im Rösten der Läuse, bis ein schwärzlichgrauer Belag auf den wanzenartigen Körpern entsteht. Für den Kunstmalbereich ist diese schwarze Cochenille besser geeignet.

Wer es ausprobieren will, kann echtes Karmin nach folgendem Rezept selbst herstellen: 125 Gramm feingepulverte Cochenille werden in 5 Liter Wasser 15 Minuten lang gekocht. Danach werden ca. 30 Gramm gepulverter Alaun hinzugefügt und das Ganze wird heiss stehen gelassen, bis die Flüssigkeit ziemlich klar geworden ist. Danach wird sie durchgeseiht. Nach ungefähr 24 Stunden den ausgeschiedenen Karmin, etwa 40 bis 50 Gramm abnehmen. In alten Rezepturen aus Drogistenhandbüchern wird teilweise auch noch Tonerdehydrat hinzugegeben, auf dem sich der Karmin niederschlägt. Dies ist ein Beispiel für eine sogenannte Verlackung, bei der lösliche Farbstoffe auf Tonerdehydrat niedergeschlagen werden und danach unlöslich sind.

Karmin ist ein typisches Lasurpigment, das sich nur für Wandlasuren und eventuell für die Herstellung von Aquarellfarben eignet. Karmin hat eine schwache Lichtechtheit. Wenn man Karmin der unmittelbaren Sonnenbestrahlung aussetzt, kann die Pracht schnell wieder dahin sein.

Manchmal erscheint im Zusammenhang mit Cochenille auch noch der Name Kermes. Die Kermesläuse sind die Urgrosseltern der Cochenille. Die Kermesläuse lebten nicht auf Disteln und Opuntien, sondern auf der südeuropäischen Scharlacheiche. Im 16. Jahrhundert warf die Cochenillelaus die Kermeslaus aus dem Rennen, sie enthält nämlich zwölfmal soviel Farbstoff wie eine Kermeslaus.

Sepia

Sepia werden die Sekrete von Tintenfischen genannt. Wer unter Wasser einmal einen Tintenfisch geärgert hat, weiss, dass dieser einen blauen Saft ausscheidet, in der Hoffnung, dass der Gegener ihn aus den Augen verliert und nicht wiederfindet.

Früher wurden die Tintenfische einfach auf Steine gelegt, bis sie an der Sonne gestorben waren. Der Tintenbeutel wurde herausgenommen und getrocknet. Eine tierfreundlichere Art besteht darin, die Tiere aus dem Wasser zu nehmen, das Sekret in Schalen zu entleeren und die Tiere dann wieder ins Wasser zurückzusetzen, eine Art Tintenfischmelken also. Der Tintenfischsaft wird mit Kalisäure behandelt. Nach der Filtration fällt man den Farbstoff mit Salzsäure aus. Sepia ist kein löslicher Farbstoff wie die pflanzlichen Farblacke, sondern ein echtes Pigment von guter Lichtechtheit. Es wird nur im Kunstmalbereich für Aquarellfarben eingesetzt.

Drachenblut

Drachenblut ist ein Harz verschiedener Drachenblutpalmen, traumhaft urtümlicher Baumarten. Drachenblut ist zu rund 60 Prozent ein natürliches rotes Esterharz. Es ist in Spiritus und in ätherischen Ölen löslich. Durch den Zusatz von einigen Prozent Spieköl, Rosmarinöl oder einer roten Sandelholzlösung ergibt es ein intensiveres Rot, und die Lichtechtheit wird gesteigert.

Indigo

Indigo ist ein blauer Pflanzenfarbstoff. Er findet sich in vielen Pflanzenfamilien wieder, so zum Beispiel in der ostindischen Indigopflanze, im chinesischen Färberknöterich oder in dem bei uns früher heimischen, wildwachsenden Färberwaid. Indigo wurde in Indien 1895/96 noch auf einer Fläche von 540000 Hektar angebaut, 1912 waren es nur noch 60 Hektar. 1897 begann die BASF mit der Grossfabrikation eines reinen synthetischen Indigofarbstoffs. Indigo ist in Alkohol und Wasser unlöslich. Es wurde zur Aquarellmalerei und teilweise auch in Ölfarben benutzt. Sogar Temperafarben wurden mit Indigo hergestellt. Wesentlich war aber neben der Textilfärberei nur der Einsatz im Kunstmalbereich. In der Mal- und Anstrichtechnik fand es dagegen nie Verwendung. Heute könnte es von Interesse sein, mit Indigo Aquarellfarben herzustellen oder es in Wandlasuren einzusetzen. Indigo ist weder säure-

noch alkalibeständig und die Lichtechtheit ist begrenzt, so dass es für den Aussenbereich ungeeignet ist.

Krapplack

Krapplack ist ein löslicher Farbstoff aus den Wurzeln der Färberröte. Andere Bezeichnungen sind Van-Dyck-Rot, Rubensrot oder auch Rembrandlack. Der natürliche Krapplack ist ein Wurzelkrapplack, sogenannter Alizarinkrapplack wird synthetisch hergestellt. Der natürliche Wurzelkrapp wird aus abgelagerten gemahlenen Wurzeln herausgelöst und dann in verschiedenen Konzentrationen verlackt. Da Krapplack nur begrenzt lichtecht ist, eignet er sich nur für Wandlasuren oder eventuell in der Aquarellmalerei. Krapplack ist nicht alkalifest, das heisst, er kann nur in neutralen Bindemitteln wie Gummiarabicum oder Ölen und Spiritus eingesetzt werden. In Kalkfarben ist er nicht zu gebrauchen.

Cassler Braun

Cassler Braun besteht aus gemahlener Braunkohle. Sie wird im Tagebau abgebaut, getrocknet, gemahlen, gesiebt und kommt dann als Cassler Braun in den Handel. Es wird auch Erdkohle genannt oder Kesselbraun, manchmal auch Kölnische Erde. Der Name Cassler Braun kommt nicht daher, dass diese Erde in der Nähe des Kasseler Autobahnkreuzes gefunden wurde, sondern in dem Braunkohlegebiet Cassel in der Nähe von Köln. Cassler Braun verblasst relativ rasch in der Sonne, das heisst, es ist nicht lichtecht und demzufolge auch nicht im Aussenbereich einsetzbar. Cassler Braun eignet sich für Aquarellfarben, da es lasierend ist, für den Innenbereich und für Holzmaserungsimitationen.

Gummigutt

Gummigutt ist sozusagen von Natur aus, das heisst, so wie es ein kleiner, immergrüner Baum mit herzförmigen Blättern liefert, eine natürliche gelbe Aquarellfarbe. Es besteht zu rund 80 Prozent aus einem gelben, sauren Farbharz, aus 13 Prozent Gummi und 7 Prozent Wasser. Bindemittel und Farbstoff werden sozusagen als fertiges Malmittel geliefert. Gummigutt lasiert genau so schön wie das echte indische Uringelb, es ist sogar ziemlich lichtecht, nur leider ist es auch ziemlich giftig. Gummigutt wird heute nur noch manchmal in der Vergoldung eingesetzt.

Berliner Blau

Berliner Blau, auch Preussischblau, Miloriblau oder Pariser Blau genannt, wurde im 17. Jahrhundert von einem Farbenhersteller durch Zufall entdeckt. Er wollte eigentlich einen Karminlack aus Cochenille, Alaun, Eisensulfat und Pottasche herstellen. Die Pottasche hatte er jedoch vorher benutzt, um ein Gefäss, in dem Blut und Knochen verkocht worden waren, zu reinigen. Durch das Vorhandensein der öligen Reste entstand das Berliner Blau.

Beim Verkochen von Blut und Knochen entsteht sogenanntes gelbes Blutlaugensalz. Dieses gelbe Blutlaugensalz reagiert mit Eisensulfat und daraus entsteht Berliner Blau. Gelbes Blutlaugensalz stellte man früher her, indem eingetrocknetes Blut und Hornspäne oder andere stickstoffhaltige tierische Substanzen zusammen durchgeglüht wurden. Bekannt geworden ist das Berliner Blau unter anderem, als vor einigen Jahren die Rheinkatastrophe von Sandoz in Basel stattfand. Mit dem Löschwasser waren Eisencyanverbindungen in den Rhein gelangt.

Künstliche organische Pigmente

Gemeinsam ist dieser grossen, recht unüberschaubaren Gruppe von Farbstoffen – eigentlich sind es mehrere Gruppen von Farbstoffen – ihre Herkunft: ursprünglich Steinkohlenteer, heute das Mineralöl. Es handelt sich um vollsynthetische Farbstoffe, die oft natürliche Stoffe kopieren. Nicht selten haben sich daraus aber auch völlig neue Stoffe gebildet. Diese Manipulation, die zu neuen und damit evolutorisch nicht «vorgesehenen» Stoffen führt, kann ein Ansatzpunkt der Kritik sein, denn niemand weiss letztlich, wie sie sich in ökologischen Kreisläufen verhalten. Wir setzen bei unserem Verzicht auf diese Erzeugnisse der petrochemischen Industrie allerdings schon früher an. Der Maler wird hier völlig abhängig von einer für ihn nicht mehr überschaubaren Grossindustrie, die den Farbenmarkt dominiert. Neben der aufwendigen Produktion, die schon energietechnisch und unter Gesichtspunkten von Unfallrisiken abzulehnen ist (gerade in der Geschichte der Anilinfarben gibt es die reinsten Kriminalromane), entstehen Berge von Sondermüll. Wer Naturfarben herstellen will, sollte auch bei sich in den Kreislauf einfügenden natürlichen Pigmenten bleiben.

Nur der Vollständigkeit halber und um einige Namen etwas besser einordnen zu können, seien hier die bekanntesten Vertreter dieser Farbstoffgruppe genannt. Es handelt sich übrigens immer um lösliche Farbstoffe. Wenn einem diese als Pigmente begegnen, heisst das nur, dass sie auf bereits genannte Substrate gefällt wurden. Die ältesten dieser Farbstoffe sind die *Anilinfarben,* die aus Anilinöl, welches aus Benzol hergestellt wird, bereitet werden. Kalkgrün gehört in diese Gruppe. Recht bekannt sind weiter die *Anthracen-* oder *Alizarinfarben.* Der zuletzt genannten Gruppe entstammt beispielsweise der künstliche Krapp. Ebenfalls zu den künstlichen organischen Farbstoffen gehören die *Azofarben,* die auch zur Färbung von Lebensmitteln eingesetzt werden. Dieser Bereich ist ein Kapitel für sich, und wer mehr darüber wissen möchte, möge sich in die einschlägige Literatur vertiefen. Selbst unter den Chemikern gibt es wenige, die sich im Dschungel der künstlichen Farbstoffe noch gut auskennen. Hinzuweisen ist auch darauf, dass manche dieser künstlichen Teerfarbstoffe im Verdacht stehen, Krebs auszulösen.

Farbigkeit, die wenig Freude bereitet: «Entsorgte» Fässer in der Sondermülldeponie Kölliken bei Aarau (Schweiz).

Die Behandlung von Holzoberflächen

Holzschutz – von guten Hilfen und bösen Fallen

Wir fällen Bäume und schneiden daraus Balken und Bretter, um uns aus dem Holz etwas zu bauen. Dabei wollen wir nach Möglichkeit den «lebendigen» Charakter des Holzes erhalten. Liegt hierin nicht ein Widerspruch? In Wirklichkeit stabilisieren wir die frische Verletzung, ganz grob ausgedrückt, die Farbe der frischen Wunde. Um Missverständnissen vorzubeugen, sei gesagt, dass auch wir frisches Holz mit seinem Duft und Maserungsfluss wunderschön finden – doch der Gedanke dahinter bleibt. Man kann mit Anstrichen das verletzte Holz schützen, aber muss das immer sein? Es ist noch nicht lange her, da war die Versilberung verbauten Holzes noch ein gängiger Begriff. Die natürlich entstehende

Grau pigmentierte Anstriche (Rebschwarz in Kalk) schützen und wirken optisch wie eine natürliche Vergrauung.

Patina des Holzes kann sehr schön in der Sonne glänzen, und derart unbehandeltes Holz kann Jahrhunderte überdauern. Heute spricht man dagegen meist von Vergrauung; liegt in dieser Wortwahl nicht schon eine Wertung, die die Notwendigkeit einer Behandlung impliziert oder gar suggeriert?

Die Angst vor holzfressenden Pilzen und Insekten wird systematisch geschürt. Es gibt eben einen Markt für Holzschutzmittel, aber keinen für Holzwurmfutter. Wir wollen das Problem keinesfalls verharmlosen, und wer einmal einen massiv befallenen Dachstuhl gesehen hat, kennt die Konsequenzen. Doch meist wird mit Kanonen auf Spatzen geschossen. Da werden ganze Räume vergiftet, um eine alte Fussbodendiele zu behandeln, ganze Häuser werden unbewohnbar gemacht, um sie länger zu erhalten. Spätestens in diesem Moment sollte man sich vielleicht doch einmal fragen, ob man nicht lieber mit dem Holzwurm leben möchte als ohne ihn zu sterben. Es ist eine Tatsache, dass verschiedene Wirkstoffe, die in den letzten Jahrzehnten zum Einsatz kamen, viele Menschen nachhaltig in ihrer Gesundheit geschädigt haben. Vorsicht ist also in der Tat geboten.

Es sei gleich zu Beginn deutlich gemacht, dass vor dem Beginn jeglicher Bau- oder «Schutzmassnahmen» erst einmal die Frage nach der Notwendigkeit und nach den Alternativen stehen sollte. Gerade im vorbeugenden Holzschutz gibt es einige Methoden, die wirksam und ungefährlich sind. Angefangen mit dem Schlagen des Holzes zur richtigen Zeit und dem baulichen Holzschutz über die Hinnahme oder Unterstützung der natürlichen Alterung durch Auslaugungen bis zu Borsalzimprägnierungen gibt es viele Möglichkeiten. Befallenes Holz kann durch Hitze wurmfrei gemacht werden, und Zaunpfähle können durch Ankohlen leicht die doppelte Lebensdauer erreichen.

Der bauliche Holzschutz

Der Hauptfeind des Holzes ist die Feuchtigkeit, der beste Holzschutz ist das Trockenhalten von Holzbauteilen. Dies wird schnell klar, wenn man sich vergegenwärtigt, dass jedes Leben existentiell auf Wasser angewiesen ist. Sowohl tierische als auch pflanzliche Holzschädlinge benötigen eine Mindestholzfeuchte. In aller Regel wird diese bei einem gut gebauten Haus im Innenbereich unterschritten. Befall gibt es regelmässig nur dort, wo ohnehin Bauschäden vorliegen, und diese kann man mit Oberflächenbehandlungen bestenfalls mittelfristig kaschieren.

Wenn ein Schädlingsbefall vorliegt, stellt sich natürlich die Frage, was zu tun ist. Für den Bauherrn eines Neubaus steht die Vorbeugung im Vordergrund. Diese beiden Dinge sollte man gut auseinanderhalten. Vorbeugend ist der konstruktive Holzschutz, das heisst jede Massnahme, die das Holz möglichst trocken hält und längerfristig anstehende Feuchtigkeit verhindert. Dazu gehören beispielsweise die Einhaltung eines Abstandes von Spritzwasserbereichen in Bodennähe, die Vermeidung von Stauzonen in Bereichen des Wasserablaufs oder die Hinterlüftung von Verschalungen. Ebenso wichtig ist die Diffusionsfähigkeit von Anstrichen, da ein Absperren des Holzes immer zu Feuchtigkeitsansammlungen im Baustoff führt. Wenn bei einer Versiegelung Abplatzungen des Anstriches auftreten, kann man eigentlich nur von Glück sprechen, denn Wassernester im Holz führen garantiert zu Fäulnis. Sollen Oberflächen behandelt werden, ist der ideale Anstrich eine Ölfarbe, denn diese leitet fliessendes Wasser ab, lässt Dampffeuchtigkeit jedoch entweichen.

Die natürliche Versilberung

Verwitterung bedeutet nicht gleich Zerfall. Wer einen unbehandelten Weidezaun in Skandinavien oder ein Holzschindeldach in den Alpen ansieht, wird feststellen, dass diese auch ohne Behandlung uralt geworden sind. Eine natürliche Versilberung hat stattgefunden, das Holz hat sich eine eigene Schutzschicht oder Patina zugelegt. Wenn Holz ohne jede Behandlung dem energiereichen UV-Licht und der Witterung ausgesetzt ist, wird in der äusseren Schicht das Lignin abgebaut. Lignin ist nach der Zellulose der mengenmässig zweitwichtige Inhaltsstoff des Holzes. Es entsteht eine dünne Schutzschicht, die für Schadinsekten völlig uninteressant ist. Das absichtliche Vergrauenlassen ist die billigste und naturnaheste Methode eines ungiftigen Holzschutzes. Allerdings darf man nicht die Qualität des Holzes ausser acht lassen. Wo früher langsam gewachsenes, trocken eingeschlagenes und gut gelagertes Holz verbaut wurde, gab es weniger Probleme. Auch die Holzart muss berücksichtigt werden. Eiche oder Robinie kommen fast immer ohne jede Behandlung aus, Lärche eignet sich gut zur natürlichen Versilberung, Fichte dagegen kommt kaum ohne Behandlung aus. Bei neuen Holzfenstern oder anderen Bauteilen, die nur aus sehr wenig Material bestehen, sollte man allerdings nicht auf die Vergrauung bauen, denn dort ginge das an die konstruktive Substanz.

Der vorbeugende Holzschutz

Verkohlen und Flämmen

Das Ankohlen von Hölzern, die mit dem Boden in Berührung kommen, ist eine uralte Methode des Holzschutzes. In Frage kommt sie vor allem für Zaunpfähle, die vor dem Einsetzen in die vorbereiteten Löcher am besten in einem Lagerfeuer angekohlt werden. Eine Schicht von einigen Millimetern Holzkohle macht das Holz für Schadinsekten und Pilze recht unattraktiv. Es sind keine Nährstoffe enthalten, so dass mit einem Befall kaum zu rechnen ist. Ausserdem wird die Kapillarität des Holzes aufgehoben, so dass Wasser schlecht aufgenommen wird. Nach unserer Kenntnis kann man guten Gewissens davon ausgehen, dass ein angekohlter Zaunpfahl fast doppelt so lange hält wie ein unbehandelter.

In den sechziger Jahren war es teilweise modern, Holz zu flämmen. Auch wenn es hierbei mehr um dekorative Aspekte ging, war ein gewisser Holzschutz auch hierdurch gegeben. Es hat eine ähnliche Wirkung wie das Ankohlen. Das oberflächliche Anbrennen des Holzes mit einer breiten Gasflamme führt allerdings zu einem recht rustikalen Aussehen, und auch die Ausführung muss geübt sein, um weder ein völlig unterschiedliches Erscheinungsbild zu bewirken noch das Haus abzubrennen.

Holzschutz mit Borsalzen

Borsalze sind natürlich vorkommende Salze, ähnlich unserem Kochsalz. Nach demselben Prinzip, wie Lebensmittel durch Einsalzen, also Pökeln, lange haltbar gemacht werden, funktioniert auch der Holzschutz mit Borsalzen: Biologische Abbauprozesse werden verzögert. Borsalze sind durch ihre Boranteile zusätzlich leicht fungizid und antibakteriell. Ihnen kommt, nicht nur aus diesem Grunde, seit alters her eine grosse technische Bedeutung zu.

Die ersten Borsalzfunde machte man in Europa am Fusse des Vesuvs und auf den Liparischen Inseln, wo es aus den borsäurehaltigen heissen Quellen extrahiert wurde. Die grössten Funde, die auch heute noch ausgebeutet werden, finden sich in Nevada, im Gebiet der Mojave-Wüste. Zu Beginn der Salzgewinnung wurden die Salze noch oberflächlich aus den grossen Salzseen herausgeschaufelt, heute wird das Borsalz bergmännisch gewonnen. Borsalze finden in unzähligen Branchen, von der Glas- und Keramikindustrie bis zur Bereitung von Salben und Spülungen in der Medizin Verwendung.

Von Borax (Natriumtetraborat), welches mit seiner Alkalität in der Lage ist, Kasein aufzuschliessen, war bereits die Rede. Hier nun, im vorbeugenden Holzschutz, wenden wir uns dem klassischen Borsalz, dem Oktoborat zu. Mit seinem höheren Boranteil hat es grössere «antiseptische» Eigenschaften. Es ist wasserlöslich und sehr einfach zu verarbeiten, allerdings ist es eben dieser Umstand, der es für den gesamten Aussenbereich ungeeignet macht. Borsalzimprägnierungen haben also nur dort einen Sinn, wo kein fliessendes Wasser auftritt, da dieses alle Salze binnen kürzester Zeit auswaschen würde. Es gibt zwar eine Reihe von Methoden, Borsalze zu fixieren beziehungsweise die Auswaschung durch weitere Beschichtungen zu verhindern, doch halten wir nicht viel von der Zuverlässigkeit solcher Methoden.

Borsalzimprägnierungen selber machen

Gerade die Herstellung von Borsalzimprägnierungen ist das Eldorado der Selbermacher. Eine zehnprozentige Lösung herzustellen bedeutet nichts weiter, als ein Kilogramm Borsalz in neun Liter Wasser aufzulösen. Wer fertige Borsalzlösungen kauft, belohnt damit eigentlich nur die Wasserhändler und belastet unsere Umwelt durch unnötige Transporte. Entscheidend ist hier nicht die Rezeptur, sondern die Verarbeitung. Soll nach DIN 68800 gearbeitet werden, heisst das, dass 50 bis 60 g Borsalz auf einen Quadratmeter Fläche aufgebracht werden müssen.

Eine Borsalzimprägnierung sollte mindestens zweimal durchgeführt werden, am besten nass in nass, also so, dass der zweite Auftrag in den noch feuchten ersten Auftrag gestrichen wird. Die Art des Auftrags ist unwichtig, die wässrige Lösung kann sowohl verstrichen als auch gespritzt oder im Tauchverfahren aufgetragen werden. Zur Erhöhung der Eindringtiefe ist es sinnvoll, die behandelten Hölzer möglichst langsam trocknen zu lassen. Eine Lagerung im dichten Stapel, unter einer Plane geschützt vor Wind und Sonne und natürlich Regen (!) ist sehr vorteilhaft.

Das Ablaugen

Die oben beschriebene Versilberung ist im Grunde eine natürliche Auslaugung des Holzes. Diesen Vorgang kann man auch künstlich beschleunigen und so die Widerstandsfähigkeit des Holzes gegen Pilz- und Insektenbefall erhöhen. Durch die Auslaugung werden hygroskopische und quellbare Holzinhaltsstoffe wie Eiweisse, Stärke und Zucker aus dem Holz herausgelöst. Nach der Behandlung wird das Holz weniger stark arbeiten, das heisst quellen und schwinden, so dass weniger leicht Risse entstehen, die den Insekten Nistplätze bieten können. Auch gegen Pilze hilft die Auslaugung, da ihnen damit die benötigten Nährstoffe als Nahrung fehlen.

Früher wurde ein Teil der natürlichen Auslaugung durch lange Lagerung erreicht. Besonders wenn das Holz geflösst wurde, fand als erwünschter Nebeneffekt eine Auslaugung statt; manchmal wurde Holz extra in fliessenden Bächen gelagert, doch das waren alles sehr zeitraubende Methoden. Die Idee, den Prozess zu fördern und zu beschleunigen, ist alt, und Hilfsmittel wie Soda (Natriumkarbonat) und Pottasche (Kaliumkarbonat) wurden früh eingesetzt.

Die Soda- oder Pottaschebehandlung

Folgendes Verfahren hat sich für das Ablaugen von Holz bewährt. Es verkürzt den Auslaugevorgang auf ungefähr zwanzig Stunden. Eine sechsprozentige Sodalauge mit einer Temperatur von 15 bis 30 °C wird mit einem Druck von 4 bar aufgetragen. Früher wurde die Lauge mit Wurzelbürsten in die Holzoberfläche eingearbeitet, das ist sicherlich auch heute noch möglich. Danach wird das Holz mit klarem Wasser nachgewaschen und sorgfältig getrocknet. Die Lauge löst sowohl Lignin als auch einen Teil der Harze aus dem Holz. Das Holz wird in der Regel zunächst dunkler, um dann später zu vergrauen. Die Auswaschung der Harze ist auch für spätere Anstriche vorteilhaft, da es keine «durchblutenden» Stellen mehr geben kann. Die Harze werden verseift und dadurch wasserlöslich gemacht, ähnlich wie beim Abbeizen werden sie dann mit Wasser ausgespült.

Es gibt eine umfangreiche Untersuchung zur Behandlung von alpenländischen Bauernhäusern mit Pottasche oder Sodalaugen (Hans Löfflad, Diplomarbeit Fachhochschule Rosenheim). Es wurden genau die Wirkungsweise der Auslaugung und ihre Langzeitergebnisse beobachtet. Die untersuchten Häuser waren traditionsgemäss alle drei bis vier Jahre mit Holzasche- oder Sodalauge behandelt worden. Gerade von den Holzhäusern an den Durchfahrtsstrassen musste der Dreck alle zwei Jahre mit Seifenlauge entfernt werden. Oberflächliche Frassgänge von Holzschädlingen wurden lediglich im unteren Bereich der Wände gefunden, dort wo das Brennholz angelagert war. Es handelte sich ausschliesslich um Frassgänge von Frischholzschädlingen wie dem blauen Scheibenbock oder dem Fichtensplintbock. In allen anderen Bereichen war das Holz völlig frei von Schädlingsbefall.

Jedes Holz kann abgelaugt werden. Sinnvoll ist das beispielsweise bei der Witterung ausgesetzten *Fassaden*. Das gilt für Bretterverschalungen ebenso wie für Blockhäuser, aber auch für rustikale Balkone, Fenster und Türen. *Fussböden* sind ein weiteres Gebiet für traditionelle Ablaugungen. Auch dort, wo die Beanspruchungen besonders hoch sind, beispielsweise in Gastwirtschaften, hat sich diese Behandlung seit langem bewährt. Wo Regen, Schnee, Sand und Schmutz hereingetragen werden, gibt es keine andere gleich gute und ökologisch völlig unbedenkliche Behandlungsmethode.

Die Kostenkalkulationen einer Sodaablaugung im Vergleich zu aufwendigeren Holzschutzlasuranstrichen sprechen zusätzlich für sich; wir möchten daher aus der oben genannten Arbeit eine solche Kalkulation anführen:

Laugen selber machen

Die Herstellung einer Lauge ist nicht allzu kompliziert. Soda ist in fast allen Drogerien erhältlich, Holzasche fällt bei jeder Holzverbrennung an. Aus Holzasche kann eine Lauge hergestellt werden, indem man 300 g Asche mit 10 Liter Wasser aufbrüht. Die Lauge einige Stunden ziehen lassen, danach ist sie gebrauchsfertig. Nach Belieben können einige Zitronenschalen oder entsprechende Baumrinden (ausprobieren!) zum Einfärben hinzugefügt werden.

Eine stärkere, konzentrierte Lauge stellt man her, indem man 2,5 Liter Asche mit 5 Liter Wasser eine Viertelstunde aufkocht.

Ein neueres und sicher wirkungsvolleres Rezept ist das folgende: 1 kg Holzasche und 0,5 kg Soda zusammen mit 125 g Kernseife in 30 Liter Wasser aufkochen, das Ganze absieben, und die klare Lauge heiss verarbeiten.

Holzschutzlasur	**Sodabehandlung**
Auftragsmenge nach DIN: 250 ml/m²	Auftragsmenge: ca. 33 g/m²
Arbeitszeit Anstrich: 15 m²/Std.	Arbeitszeit Einbürsten usw.: 7,5 m²/Std.
Anzahl Behandlungen: 2mal farbig, 1mal farblos	Anzahl Behandlungen: 1mal Laugen, Waschen
Folgebehandlungen: ca. alle 3 Jahre	Folgebehandlungen: ca. alle 3 Jahre
Materialkosten für 100 m²: 0,25 l/m² x 100 (14,–DM/l) = **350,– DM**	Materialkosten für 100 m² 0,033 kg/m² x 100 (5,– DM/kg) = **16,50 DM**
Arbeitszeit: 100 m² x 3 dividiert durch 15 m²/Std. = **20 Stunden**	Arbeitszeit: 100 m² dividiert durch 7,5 m²/Std. = **13,33 Stunden**

Der behandelnde Holzschutz

Wenn bereits ein Befall mit tierischen oder pflanzlichen Holzschädlingen vorliegt, wird nur der Einsatz massiver Gifte das Leben abtöten, damit aber auch das unsere bedrohen. Konstruktive Möglichkeiten finden sich hier nur noch im Austausch, also der Erneuerung von Bauteilen.

Wirkstoffe sind Gifte

Die Giftwirkung einer Substanz ist immer abhängig von der Konzentration und natürlich auch davon, ob das Gift vom Organismus aufgenommen werden kann. Ein interessantes Gebiet ist der Insektenschutz durch Neemöl, ein Öl tropischer Bäume. Es stellt einen natürlichen Insektenschutz dar, der die Chitinsynthese von Kerbtieren stört, ohne uns Warmblütern in irgendeiner Weise gefährlich zu werden. In der Praxis ist es allerdings sehr kompliziert, mit diesem Öl zu arbeiten, da es stark in seinem Wirkstoffgehalt schwankt und zudem recht schnell an Wirksamkeit verliert.

Die wirksamsten Holzschutzmittel sind leider die giftigsten, die über Lösungsmittel in das Holz hineintransportiert werden. Da sie flüchtig sind und sich im ganzen Raum verteilen, können sie nur mit vollständigem Atemschutz (Gasmaske usw.) verarbeitet werden. Auch später dunsten Reste dieser Gifte aus, so dass die Räume teilweise über sehr lange Zeiträume belastet sind. Gerade auf diesem Umstand beruht die Heimtücke chronischer Vergiftungen. Wer lange in holzschutzmittelbelasteten Räumen lebt, speichert grosse Mengen der oft lipophilen Gifte im Fettgewebe und muss mit einem langsamen, oft qualvollen Siechtum rechnen. PCP und Lindan sind die Stoffe mit der traurigsten Berühmtheit. Wer mehr über dieses Thema wissen möchte, möge sich an den Verband der Holzschutzmittelgeschädigten wenden.

Ein weiteres Problem liegt in den Unmengen vergifteten Holzes, die beim Abbruch oder der Renovierung anfallen. Der ökologisch sinn- und wertvolle Baustoff Holz mutiert damit nämlich zum Sondermüll. Es gibt umfangreiches Material und diverse Verordnungen zum chemischen Holzschutz, wir möchten hier nur noch eine Alternative nennen.

Die Heissluftbehandlung

Heissluftbehandlungen, besonders für stark befallene Dachstühle, die ihre konstruktive Stabilität noch nicht eingebüsst haben, werden seit geraumer Zeit von einigen Fachfirmen angeboten. Sie stellen die einzige wirksame Methode der Schädlingsbeseitigung ohne Einsatz von Giften dar. Sowohl tierischer als auch Pilzbefall wird abgetötet, indem das Holz bis in den Kern für mindestens eine Stunde auf mindestens 55 °C aufgeheizt wird. Das geschieht in der Praxis so, dass das ganze Dach mit Folien abgedichtet und mit Heissluft aus grossen Öl- oder Gasbrennern aufgepumpt wird. Die Prozedur dauert meist einen Tag, und die Temperatur wird auf rund 80 °C hochgefahren.

Wer einen Stuhl oder eine alte Kommode von Holzwürmern befreien möchte, kann diese auch in einer Sauna durchheizen, allerdings sollte man sich vorher die Art der Verleimungen anschauen. Ein mit Knochenleim verbundenes Möbel könnte sonst als wurmfreier Bausatz aus der Sauna zurückkehren.

Anstriche

Ein wichtiges Gebiet der Holzoberflächenbehandlung sind die Anstriche mit Öllasuren oder deckenden Ölfarben. Die bisher genannten Holzschutzaspekte sind sozusagen die begleitenden oder vorausgehenden Massnahmen zu den Anstrichen, die im Zusammenhang mit der Farbenherstellung natürlich das zentrale Thema sind. Ihre Hauptaufgaben sind neben dekorativen Gesichtspunkten das Ableiten von Spritzwasser und das Festhalten von Lichtschutzpigmenten an der Holzoberfläche.

Bevor wir zu einzelnen Rezepturen oder Anwendungszusammenhängen kommen, sollen die Bestandteile der Ölfarben erklärt werden. Für die Eigenschaften einer Ölfarbe und der mit ihr ausgeführten Anstriche sind nämlich die Inhaltsstoffe von ganz entscheidender Bedeutung. Trockenzeiten, Elastizität und Härte, Glanzgrad, Verlauf und Wetterfestigkeit sind nur die wesentlichen Faktoren, die durch die Bestandteile eines öligen Anstrichmittels bedingt werden.

Die Rohstoffe in der Ölfarbenherstellung

Leinöl

Der zentrale Rohstoff für die Ölfarbenherstellung ist in unseren Breiten das Leinöl. Es wird aus einer ein- bis zweijährigen Pflanze, die 20 bis 100 cm hoch wird, gewonnen. Flachs oder Lein ist fast überall auf der Erde anbaubar, er ist in einem hohen Masse anpassungsfähig. Flachs wurde früher in ganz Deutschland angebaut, in Schweden lässt er sich bis in die Eisenzeit zurückverfolgen. In kühleren und feuchteren Klimaten ist die Faserausbeute höher, in den wärmeren Gebieten dagegen die Ölausbeute. Die Provenienz beeinflusst nicht nur den Ölgehalt der Samen, sondern auch in hohem Masse die Beschaffenheit des Öls, das heisst die unterschiedliche Zusammensetzung der Fettsäuren.

Die Samen des Flachses werden zerquetscht und kalt bei sehr hohem Druck ausgepresst, wobei die Ölausbeute bis zu 90 Prozent beträgt. Zurück bleibt ein Press- oder Ölkuchen, der noch 6 bis 8 Prozent Öl enthält und ein hervorragendes Futtermittel darstellt. Kaltgepresstes Leinöl ist zitronen- bis dunkelzitronengelb, warmgepresstes Leinöl ist goldgelb, manchmal sogar bis ins Bräunliche gehend. Der charakteristische Geruch des Leinöls ist bei heissgepressten Sorten viel deutlicher als bei kaltgepressten. Letztere schmecken mild, heissgepresste eher beissend und scharf. Leinöl bleibt bis minus 16 °C flüssig, allerdings werden Flocken ausgefällt. Gutes Leinöl wird durch Erwärmen auf 40 °C wieder völlig klar. Dass Leinöl sich als vorzügliches Händereinigungsmittel eignet, sei nur am Rande erwähnt.

Leinöl trocknet durch Sauerstoffaufnahme aus der Luft am besten unter Lichteinwirkung. Die Lichteinwirkung auf den gestrichenen Ölanstrich darf allerdings nicht zu heftig sein, da sonst seine Qualität leidet. Im Dunkeln oder unter Luftabschluss trocknet Leinöl kaum. Ist die Lichteinwirkung zu gross, beispielsweise durch direkte, tagelange Sonnenbestrahlung, trocknet ein Ölanstrich zwar zunächst sehr schnell, beginnt aber nach 10 bis 14 Tagen wieder weich zu werden. Unter Umständen kann der Anstrich sogar wieder klebrig werden. Eine langsamere Trocknung führt immer zu einem technisch besseren Anstrich. (Tips zu Ölanstrichen finden sich auf Seite 105ff.)

Lackleinöl

Lackleinöl ist ein besonders sorgfältig gereinigtes Leinöl. Die Schleimstoffe des Rohöls werden entfernt, indem man das Öl auf 85 °C erhitzt und mit einem Zusatz von sogenannter Bleicherde versieht. Bleicherden sind natürliche Erden mit einer grossen Absorptionskraft: Alle Verunreinigungen lagern sich an sie an. Zum Einsatz gelangt Lackleinöl vorwiegend in Weisslacken und Künstlerfarben.

Leinölfirnis

Firnisse sind Öle, deren natürliche Trockeneigenschaften durch unterschiedliche Behandlungen verbessert worden sind. Ein Leinölfirnis darf ausschliesslich Trockenstoffe als Zusatz enthalten und muss per Definition innerhalb von 24 Stunden trocknen. Ursprünglich wurde mit gekochten Leinölen gearbeitet, wodurch die Trockenzeit zwar verkürzt wurde, aber dennoch erheblich war. Später wurden unter sehr hohen Temperaturen (um 300 °C) Metalloxide im Öl gelöst. Diese Firnisse hiessen Holländische Firnisse und waren ziemlich dunkel. Der heute heiss zubereitete Leinölfirnis wird bei 150 °C mit pulverförmigen Trockenstoffen versetzt. Neuerdings werden Firnisse auch kalt hergestellt, da es bereits gelöste Trockenstoffe oder Sikkative gibt; diese Firnisse sind wesentlich heller. In aller Regel enthalten Firnisse zwischen 1 und 3 Prozent Sikkative. Leinölfirnis ist der Hauptbestandteil fast aller Ölfarben.

Trockenstoffe oder Sikkative

Die Trockenstoffe, auch Sikkative genannt, machen aus natürlichen Ölen Firnisse. Es sind überwiegend Metallsalze oder -oxide. Früher wurde vielfach Blei eingesetzt, nicht zuletzt in Form bleihaltiger Pigmente. Bereits in den dreissiger Jahren wurde allerdings der Kampf gegen diese giftigen Inhaltsstoffe aufgenommen, da es immer wieder zu ernsthaften Bleivergiftungen kam, die besonders heimtückisch sind, da sie chronisch wirken und erst nach langer Zeit offenkundig werden. Heute sind eine ganze Reihe von Metallen im Einsatz, die unterschiedliche Eigenschaften besitzen. Manche fördern mehr die Trocknung von innen heraus, andere wirken zuerst an der Oberfläche. Gebräuchlich sind Mischungen wie zum Beispiel solche aus Mangan, Kobalt oder Zirkonium.

Die Trockenstoffe wirken als Katalysatoren, indem sie die Autooxidation der Öle unterstützen. Sikkative dürfen nur in geringen Mengen zugesetzt werden, da sich sonst ihre Wirkung umkehren kann. Für Selbermacher und Künstler sind Sikkative nur interessant, wenn sie über eigenes Rohleinöl verfügen oder die Trocknungseigenschaften eines Firnisses, der von Herstellerseite sehr schwach sikkativiert wurde, verbessern wollen. Hierüber müssen dann aber genaue Angaben vorliegen, oder man muss sehr sorgfältige Versuchsreihen starten. Mehr als 3 Prozent Sikkative sollten in Ölfarben nie eingesetzt werden.

Sonnenblumenöl

Sonnenblumenöl ist hinlänglich bekannt und hat ungefähr die gleichen Eigenschaften wie Mohnöl, letzteres vergilbt allerdings weniger. Hervorragendes Sonnenblumenöl gewinnt man aus den graugestreiften Kernen. Von Nachteil ist auch hier die lange Trockenzeit. Bei Proben mit einem mageren (ölarmen, wenig «fettigen») Innenlack, in dem eine Harzlösung mit 3 bis 4 Prozent sikkativiertem Sonnenblumenöl versetzt wurde, waren die Ergebnisse recht akzeptabel. Auf jeden Fall eignet sich Sonnenblumenöl besser für Kaseinemulsionen als Leinölfirnis, da Sonnenblumenöl kaum vergilbt.

Ricinenöl

Ricinenöl ist ein entwässertes Rizinusöl, das aus den Samen der Rizinuspflanze gewonnen wird. Es ist besonders hell und vergilbt nicht, ausserdem ist es

Rizinusbaum mit Früchten, aus deren Kernen das Öl gewonnen wird.

sehr temperaturbeständig, so dass es in Heizkörperlacken eingesetzt werden kann. Im Gegensatz zu allen übrigen Pflanzenteilen ist das Öl ungiftig.

Mohnöl

Mohnöl entsteht durch Auspressung von weissblühenden Mohnsamen. Mohnsamen enthalten bis zu 50 Prozent fettes Öl. Mohnöl ist wesentlich heller als Leinöl und hat den bedeutenden Vorteil, dass es nicht nachdunkelt oder vergilbt. Der Nachteil dagegen ist, dass Mohnöl sehr lange braucht, um zu trocknen, im Durchschnitt, wenn es dünn aufgetragen wird, 10 bis 14 Tage. In der Anstrichtechnik ist es ohne Bedeutung, für Kunstmalfarben eignet es sich hingegen hervorragend.

Walnussöl

Walnussöl ist ein technisch hochwertiges Öl, das dem Leinöl eigentlich überlegen ist. Der hohe Preis schliesst es für uns allerdings als Farbenrohstoff aus. Es ist hellgelb, ähnlich wie Leinöl, trocknet aber langsamer als jenes. Walnussöl neigt weder zu Rissbildungen noch findet ein Wiedererweichen statt. Im Mittelalter wurde viel mit Walnussöl gestrichen beziehungsweise gemalt.

Holzöl

Das Holzöl ist ebenfalls ein Keimöl, es stammt aus Pressungen der walnussähnlichen Früchte des Tung-Baums und wird daher auch oft als Tungöl bezeichnet. Es wird in China und Südamerika gewonnen. Tungöl ist besonders als Standöl schnell trocknend, vergilbt nicht und besitzt gute Wetterbeständigkeit.

Standöle (Dicköle)

Aus fast allen trocknenden, halbtrocknenden und nichttrocknenden fetten Ölen lassen sich Standöle herstellen. Durch längeres Erhitzen bei hohen Temperaturen kommt es zu einer Molekülvernetzung oder Polymerisation. Leinölstandöl wird hergestellt, indem man Leinöl bei etwa 300 °C unter Luftabschluss für 10 bis 20 Stunden erhitzt. Je nach Dauer der Erhitzung erhält es eine unterschiedliche Viskosität. Durch das Erhitzen des Öls werden Verlauf, Elastizität, Wasser- und Wetterbeständigkeit erheblich verbessert. Ein guter Verlauf zeichnet sich dadurch aus, dass kein Pinselstrich zu sehen bleibt. Die Wetterfestigkeit liegt darin, dass Standöle weniger Wasser aufnehmen als unbehandelte Öle und dadurch weniger quellen. Nicht verbessert wird die Trockenfähigkeit. Standöle eignen sich besonders zur Verwendung im Aussenbereich, da sie sehr wetterbeständig sind. Leinölfirnis mit 20prozentigem Standölzusatz wurde lange Zeit als Lackfarbe gehandelt. Im Aussenbereich werden vielfach Gemische aus Leinöl- und Holzölstandöl eingesetzt, da sie durch den Holzölanteil erheblich schneller trocknen. Gerade in der Mischung von Leinöl- und Holzölstandöl erreichen wir eine gute Wetterfestigkeit, diese Mischungen waren lange ein Bestandteil wasserfester Bootslacke.

Sonneneingedickte Öle

Der Name Standöl kommt eigentlich daher, dass man technische Öle früher lange stehen liess. Sie wurden hergestellt, indem man Leinöl in flache Schalen oder Steingutgefässe füllte und es der Sonnenbestrahlung aussetzte. Ein paar auf den Rand geklemmte Korken trugen eine Glasplatte als Deckel. Das Öl wurde jeden Tag einmal umgeschüttet, damit keine Haut entstehen konnte und eventuell hineingeflogene Insekten wurden entfernt. Mit zunehmender Standzeit ergab sich der positive Nebeneffekt, dass eine Bleichung des Leinöls stattfand. Die heute durch Erhitzung hergestellten Standöle, haben eine lange Trockenzeit. Sonneneingedickte Öle, die «altmodischen» Standöle, verhielten sich in diesem Punkt günstiger. Leider gibt es kein sonneneingedicktes Leinölstandöl im Handel. Es wäre sehr interessant und ein Beitrag zum Umweltschutz, wenn es gelänge, auf diese leider etwas um-

Oben Kolophonium. Darunter Carnaubawachs, Dammarharz und Alunitgestein.

Gewinnung von Baumharz für die Herstellung des Balsamterpentinöls.

ständliche Art wieder Standöle herzustellen. Erstens könnten die Energiekosten der Erhitzung gespart werden, zweitens würden Metallsalze überflüssig. Sonneneingedickte Öle sind ausserdem so wetterbeständig, dass seltener eine Renovierung nötig würde.

Kolophonium

Kolophonium ist in unseren Breiten das traditionell für die Farbenherstellung gebräuchliche Harz. Es wird aus lebenden Kiefern gewonnen und zählt damit zu den rezenten, nachwachsenden Rohstoffen. Eine grosse Kiefer liefert, wenn man sie professionell anzapft, jährlich bis zu 4 Kilogramm Harz. Das Harz kann in dieser Menge in bis zu zehn aufeinanderfolgenden Jahren gewonnen werden; eine längere oder intensivere Nutzung schädigt den Baum. Das Harz wird durch Destillation in das flüchtige Terpentinöl und den zurückbleibenden Festbestandteil Kolophonium getrennt. Kolophonium kann in Terpentin leicht wieder gelöst werden, bei höheren Temperaturen beginnt es zu schmelzen. Es wird als Härter den Ölen beigemischt.

Da Kolophonium auch nach dem Trocknen zur Klebrigkeit neigt, wird es meist etwas behandelt. Es gibt einmal die Kalk- oder Hartharze, das sind mit Kalk verkochte, besser trocknende Harze, und die veresterten Harze wie den Kolophoniumglyzerinester. Letzterer ist in der Farbenherstellung der gebräuchlichste, da er sich gut verarbeiten lässt und günstige Trockeneigenschaften hat. Leider vergilbt Kolophonium und alle seine Weiterverarbeitungen. Ölmischungen darf nie zuviel Harz beigegeben werden, da diese sonst zu spröde werden. Reine Klarlacke aus Kolophonium und Terpentinöl können durch kleine Ölzugaben weich gemacht werden.

Dammarharz

Dammarharz ist ebenfalls ein rezentes Harz. Es stammt allerdings aus den Tropen, und zwar vom Dammarbaum, einem Laubbaum. Es hat den entscheidenden Vorteil, dass es nicht vergilbt, und wird deshalb gern für Weisslacke verwendet. Auch im künstlerischen Bereich wird es zur Herstellung von Schlussfirnissen eingesetzt.

Sonstige Harze

Das einzige ausschliesslich fossile Harz in der Farbenherstellung ist der Bernstein. Bernsteine wurden früher aus der Ostsee gefischt und später auch bergmännisch gewonnen. Heute fallen sie unseres Wissens nur noch als Nebenfunde mit an. Es handelt sich hierbei um das härteste natürliche Harz. Es wird und wurde in Fussboden- und Schleiflacken eingesetzt. Für Selbermacher hat es praktisch keine Bedeutung, da es nur schwer zu verarbeiten ist. Der Schmelzpunkt ist sehr hoch und der für die Verarbeitung geeignete Temperaturbereich sehr eng, da es schnell zu verkohlen beginnt.

Kopale tauchen hin und wieder im Zusammenhang mit Anstrichmitteln auf. Sie stammen allesamt aus Übersee, grossenteils aus Afrika. Ihre Namen haben sie nach den Herkunftsländern, sie sind teils rezent, teils aber auch fossil. Die Härte der verschiedenen Sorten ist unterschiedlich. Kopale werden für Öllacke insbesondere im Restaurationsbereich eingesetzt.

Lösungsmittel – Sinn und Unsinn

Wenn Farben der Umwelt schaden, liegt das meistens ganz wesentlich an den Lösungsmitteln. Lange Zeit war der typische «Malergeruch», das «Frische» der Renovierung, nichts anderes als eine massive Lösungsmittelausdünstung. Nicht selten bekamen die Menschen in den erneuerten Räumen Kopfschmerzen und klagten über Benommenheit. Neuerdings hat sich der Begriff des «sick building syndroms» etabliert. Ein Hauptverursacher dieser krankmachenden Neubauten sind die vielen unterschiedlichen Verdünnungs- oder Lösungsmittel. Aber unsere Gesundheit ist nicht nur unmittelbar gefährdet. Aus Lösungsmitteln entstehen auch sogenannte «Klimakiller». Stofflich gesehen handelt es sich bei den meisten Lösungsmitteln um flüchtige Kohlenwasserstoffe, die unter UV-Einstrahlung zerfallen und so die Fotooxidantien bilden. Diese zerstören die uns schützende obere Ozonschicht und sind damit Verursacher vieler Umwelt- und Gesundheitsprobleme, vom Waldsterben bis zum Hautkrebs. Einer dänischen Untersuchung aus den achtziger Jahren zufolge müssen rund drei bis vier Prozent der Maler mit dreissigjähriger Berufstätigkeit mit organischen Hirnschädigungen rechnen. Auch als Folge dieser Untersuchung stellt die dänische Lack- und Farbenindustrie heute vorwiegend Anstrichstoffe mit sehr geringen Lösungsmittelanteilen her. All diese Übel kommen natürlich nicht aus einer einzigen Farbdose, aber in diesem Zusammenhang ist zu bedenken, dass beispielsweise allein in Deutschland jährlich 400 000 Tonnen Lösungsmittel eingesetzt werden. Sie verdunsten fast vollständig, was in der Anstrichtechnik ja auch erwünscht ist, und finden sich dann in unserer Umgebungsluft wieder. Hier macht's die Menge.

Lösungsmittel haben die Aufgabe, Stoffe, in unserem Fall Öle und Harze, zu verflüssigen beziehungsweise zu verdünnen. Das ist oft erwünscht oder sogar notwendig, um hochviskose Materialien streichfähig zu machen. Ausserdem wird die Trockenzeit günstig beeinflusst. Ein Anstrichmittel, das zur Hälfte aus Lösungsmitteln besteht, wird später im Anstrich auch nur eine halb so dicke Schichtstärke ergeben, da der Lösungsmittelanteil schnell verdunstet. Der Begriff des Lösens bedeutet dabei nur, dass die Bindungen zwischen den Molekülen eines Stoffes gelockert werden; der Stoff selbst löst sich nicht in nichts auf, sondern bleibt vollständig erhalten. Konkret besteht die «lösende» Eigenschaft darin, dass sich Lösungsmittelmoleküle zwischen die kleinsten Bestandteile der zu verdünnenden Stoffe drängen, wenn diese weniger fest miteinander verbunden sind: es handelt sich also letztlich eher um eine «vermittelnde» Eigenschaft.

Wasser kann sehr oft die Funktion eines Lösungsmittels übernehmen, und zwar immer dann, wenn keine Öle oder Harze im Spiel sind. Aber auch Öle und Harze können in reinen Wasserfarben eingesetzt werden, und zwar wenn durch die Anwesenheit von Emulgatoren die Lösung vermittelt wird. Ein Beispiel hierfür sind die sogenannten «Wasserlacke», bei denen durch Tenside eine Mischung von Kunstharzen (die allerdings in Lösungsmitteln verflüssigt werden) mit Wasser ermöglicht wird. Ein viel besseres Beispiel sind die bereits beschriebenen Kaseinfarben. In ihnen ist das Milcheiweiss der natürliche Emulgator, wie er auch in der Milch eine stabile Fett-Wasser-Mischung ermöglicht.

Wärme lockert die meisten chemischen und physikalischen Bindungen. Jeder kennt das Phänomen, dass erwärmte Öle deutlich dünnflüssiger sind. Eine Erwärmung um 35°C entspricht in etwa einer 18prozentigen Lösungsmitteleinsparung. Alle Harze sind schmelzbar und lassen sich warm mit Leinöl problemlos mischen. Auch die Verarbeitung warmer oder heisser Öle ist recht gut möglich, so dass eine akzeptable Streichfähigkeit durch Wärme hergestellt werden kann. Das Problem liegt hier in den meist kalten Untergründen.

Welche Lösungsmittel soll man nehmen?

Es gibt eine Reihe von Anwendungsfällen, in denen wir Lösungsmittel einsetzen müssen. Das sind zum Beispiel Arbeiten im kalten Aussenbereich oder dort, wo kurze Trockenzeiten nötig sind. Dies gilt auch dort, wo wir besonders dünnflüssige Grundieröle brauchen, oder dort, wo schwer lösliche Stoffe verarbeitet werden sollen.

Unter technischen Gesichtspunkten gute Lösungsmittel für Öle und Fette sind alle flüchtigen Kohlenwasserstoffe. Diese kann man in natürliche, nachwachsende Rohstoffe (echte Terpentinöle) und Produkte der petrochemischen Industrie (Terpentinersatz, Benzine und Aliphate) unterteilen. Besonders starke Lösungseigenschaften haben die chlorierten Kohlenwasserstoffe, die allerdings in der Regel auch ein erheblich grösseres Gesundheitsrisiko mit sich bringen. Innerhalb beider Gruppen gibt es wiederum eine Reihe von bedeutsamen Qualitätsunterschieden.

Künstliche organische Lösungsmittel

Terpentinersatz, Testbenzin, Wundbenzin und Isoaliphate – hierzu gehört auch das wohlklingende Kristallöl – stammen alle aus einer Quelle, dem Schweröl oder Rohöl. Nitroverdünner ist übrigens eine Mischung unterschiedlich flüchtiger Kohlenwasserstoffe und gilt als besonders gesundheitsschädlich.

Zwei völlig unterschiedliche Argumente sprechen gegen den Einsatz dieser Lösungsmittel. Rohöl kann zwar, mit sehr viel Wohlwollen, noch als Naturprodukt bezeichnet werden, spätestens in den Raffinerien ist damit jedoch Schluss. Es wird nämlich nicht nur durch Destillation fraktioniert (in unterschiedliche Siedebereiche getrennt), sondern auch unter hohen Temperaturen gecrackt. Dabei entstehen neuartige chemische Stoffe, auf die sich die natürlich gewachsenen, ökologischen Kreisläufe nicht einstellen konnten. Beispielweise spricht der Geruchssinn des Menschen gegenüber Isoaliphaten (hochgereinigtes Testbenzin) nicht an, da bei diesen die natürliche Geruchsschwelle unterschritten wird. So kann kein natürlicher Fluchtreflex ausgelöst werden. Bei den anderen oben genannten Lösungsmitteln gibt es immer Verunreinigungen durch krebserzeugendes Benzol, Xylol und andere entsprechende Aromate. Auch können Isoaliphate Nerven- und Nierenschäden verursachen, Langzeiterfahrungen fehlen völlig!

Abgesehen von gefürchteten oder bekannten Gesundheitsgefahren stellen wir den Mineralöleinsatz auch grundsätzlich in Frage. Warum die letzten Vorräte unserer Weltmeere ausbeuten, wenn sie in einigen Jahren ohnehin erschöpft sein werden? Warum wendet man sich nicht gleich der Nutzung natürlicher, nachwachsender Rohstoffe zu? Natürliches Balsamterpentinöl weist vergleichbare technische Eigenschaften auf, birgt aber weniger Gesundheitsrisiken. Eine Zahl, die in diesem Zusammenhang für sich spricht: Isoaliphate kosten nur etwa ein Sechstel des natürlichen Terpentinöls. Hier erlangen wohl marktwirtschftliche Gesichtspunkte Übermacht.

Natürliche Terpentinöle

Terpentin ist eine andere Bezeichnung für das Harz der Koniferen oder Nadelbäume. Jeder kennt diese klebrige Substanz vom Tannenbaum; viele haben irgendwo im Urlaub die Gewinnung von Harzen beobachten können. Nach den Baumarten und der Art der Gewinnung unterscheidet man verschiedene Terpentinölsorten. So gibt es beispielsweise das traditionelle Strassburger oder Weisstannenterpentin, das venetianische Lärchenterpentin oder den Kanadabalsam. Meist werden Kiefern als Lieferanten angezapft, dazu wird die Rinde angeritzt und der austretende Saft (ein natürlicher Schutz gegen Pilzbefall) aufgefangen. Dieser wird oft auch als Balsam bezeichnet, daher kommt der Name Balsamterpentinöl. Nur dieses aus lebenden Bäumen gewonnene Öl darf den Namen Balsamterpentinöl tragen. Sorten aus Totholz oder Wurzelholz müssen andere Namen führen, die auf ihre Herkunft schliessen lassen. Das Einsammeln erfolgt in Töpfen oder Plastikbeuteln, auch die Art der Baumverletzung ist regional verschieden. Die Harze werden per Destillation in das leicht flüchtige Terpentinöl und das feste Kolophonium getrennt. Jeder Wald dunstet übrigens ständig Terpentinöl aus, insgesamt mehrere Millionen Tonnen pro Jahr, und erzeugt genau dadurch den würzigen Nadelwaldgeruch. Frisches Holz dunstet mehr Terpene aus als ein durchschnittlicher Naturfarbenanstrich.

Terpentinöl besteht im wesentlichen aus Terpenen, die nur zu einem kleinen Teil reizende und allergieauslösende Eigenschaften besitzen. Hierher gehört beispielsweise das Delta-3-Caren, ein Bestandteil der nordeuropäischen Terpentinöle. Als noch überwiegend mit diesen Sorten gearbeitet wurde, lösten sie die Malerkrätze aus. Dies ist der Grund, warum Terpentinöl zu Recht nicht den besten Ruf genoss. Es ist jedoch so, dass jede Kiefernart unterschiedliche Terpenzusammensetzungen liefert. So ist die portugiesische Terpentinölsorte so gut wie frei von Delta-3-Caren, das heisst, die Menge liegt unter der Nachweisgrenze. Um ganz sicher zu gehen, benützen seriöse Naturfarbenhersteller seit einiger Zeit ausserdem doppelt rektifiziertes, das heisst zweimal destilliertes und damit besonders reines Terpentinöl. Dieses natürlich vorkommende und «nachwachsende» Lösungsmittel halten wir für die beste Alternative, wenn Lösungsmittel eingesetzt werden müssen.

Übrigens, auch in Vicks Vapo Rub ist Balsamterpentinöl als Wirkstoff enthalten. Es entfaltet dort positive und gesundheitsfördernde Eigenschaften, obwohl es direkt auf der Haut eingesetzt wird. Medizinische Verwendung findet Terpentinöl seit eh und jeh in Salben und Pflastern.

Rohes Terpentinöl ist dünnflüssig und farblos, teilweise leicht gelblich, aber immer klar. Es ist wesentlich leichter als Wasser (spezifisches Gewicht zwischen 0,85 und 0,87) und hat einen Siedepunkt von 156 bis 161 °C. Es brennt gut und muss darum als brandfördernder Stoff behandelt und gekennzeichnet werden. In grösseren Mengen besitzt es durchaus eine Giftwirkung, so dass es vor Kindern gesichert und mit Bedacht eingesetzt werden sollte. Das flüchtige Öl warnt durch seinen typischen Geruch vor dem Verzehr, trotzdem darf Terpentinöl nie in Getränkeflaschen aufbewahrt werden. Bei der Arbeit mit Terpentinöl oder terpentinölhaltigen Produkten soll immer gut gelüftet werden, so dass die Konzentration in der Raumluft möglichst gering bleibt.

Höhere Konzentrationen führen zu Reizungen der Atemwege. Wer massiv Terpentinöl schnüffelt, muss mit Atemlähmungen rechnen. Die Dämpfe sind relativ «schwer», so dass eine Lüftung auch im Bodenbereich vorteilhaft ist. Kinder und Haustiere sollten aus dem Arbeitsbereich entfernt werden. Das Einatmen auch von natürlichen Lösungsmitteldämpfen ist also ungesund, vor allem sollte auf Essen und Rauchen am Arbeitsplatz verzichtet werden. Wer die Wanderbewegungen von Terpentinöl einmal beobachten möchte, kann einfach ein Stück Butter auf einem Teller in wenigen Metern Entfernung neben ein offenes Terpentinölgefäss stellen. Die Geschmacksprobe nach einigen Stunden ist beeindruckend. Lebens- und Lösungsmittel gehören nicht in denselben Raum. Auch die Haut sollte geschützt werden, da Terpentinöl stark entfettend ist, was im Extremfall zu Entzündungen und zur Ekzembildung führen kann. Eine chronische Giftwirkung gibt es dafür aber nicht, da geringe Belastungen vom Körper problemlos abgebaut und rückstandsfrei ausgeschieden werden.

Lösungsmittel werden oft als Reinigungsmittel benutzt. Technisch sind sie dafür zwar gut geeignet, ein verantwortungsvoller Umgang ist das jedoch nicht. Natürliche Ölfarben sind alle verseifbar, so dass sie wasserlöslich gemacht werden können. Statt Lösungsmittel einzusetzen, sollten lieber kräftige Seifen oder Alkalien benutzt werden (siehe Seite 118f.).

Für *Zitrusschalenöle* gilt im grossen und ganzen das gleiche. Ihr technischer Gebrauchswert ist ähnlich. In Naturfarben wird oft Orangenschalenöl eingesetzt, welches tatsächlich aus Orangenschalen gewonnen wird. Wer in der Weihnachtszeit schon einmal einige Öltröpfchen aus der Orangenschale in die Kerze gesprüht hat, um sich am Knistern und am aromatischen Duft zu erfreuen, steht immer etwas ungläubig vor Fässern mit Orangenschalenöl. In der Fruchtsaftindustrie jedoch sammeln sich schnell riesige Mengen an.

Ausführlich untersucht wurden die Zitrus-Terpene übrigens vom Katalyse-Institut in Köln. Neben der Aufforderung zum verantwortungsvollen Umgang mit Lösungsmitteln zeigt diese Untersuchung aber auch, dass die Terpene der Zitrusfrüchte, anders als alle künstlichen Lösungsmittel, sogar das Krebsrisiko verringern, indem sie körpereigene Abwehrstoffe aktivieren.

Ölfarben und -lacke

Die Bezeichnung Lack bezieht sich ursprünglich nur auf die Herstellung von Schellack. Im Indischen bedeutet das Wort «laksha» soviel wie hunderttausend. Läuse in dieser Grössenordnung waren erforderlich, um Schellack zu produzieren. Farben und Lacke dienen nicht nur der Schönheit, sondern – besonders im Aussenbereich – auch dem Schutz und Erhalt der Bausubstanz. Fachwerkbalken, Zäune, Türen und Fenster, aber auch Metallteile, die der Witterung ausgesetzt sind, wurden schon früh mit Ölen behandelt, um sie vor Feuchtigkeit, Verwitterung und Korrosion zu schützen. Im Innenbereich kann Holz völlig unbehandelt bleiben, es filtert sogar die Raumluft und bewirkt damit ein gutes Wohnklima. Anstriche dienen hier nur dem dekorativen Aspekt, indem sie Glanz und warme Farbtöne

Links: Acryllack blättert ab, die Schichten sind wasserdampfdicht. Rechts: Ölfarben verwittern langsam, der Dampfaustausch ist jederzeit gewährleistet.

durch eine Hervorhebung der natürlichen Holzmaserung bewirken. Ausserdem schützen Anstriche vor schneller Verschmutzung.

Seit Mitte des vorigen Jahrhunderts werden Lacke industriell gefertigt. Die damals in England hergestellten gebrauchsfertigen Öllacke bestanden aus pflanzlichen Rohstoffen, während tierische Produkte nur eine untergeordnete Rolle spielten. Die öligen Anstrichstoffe auf pflanzlicher Basis dominierten im Malerhandwerk bis in die zwanziger Jahre hinein. Leinölfirnis, Standöl und in Öl geriebene Weisspigmente bestimmten die Anwendungsmöglichkeiten. Im Durchschnitt enthielten diese Lacke rund 60 Prozent nichtflüchtige Bestandteile wie Harze und Öle sowie rund 40 Prozent flüchtige Bestandteile in Form von Lösungs- und Verdünnungsmitteln. Ein Nachteil war allerdings das relativ langsame Durchtrocknen. Durch eine Chlor-Schwefel-Behandlung gelang es, das Leinöl schneller zum Trocknen zu bringen, so dass der zweite Anstrich immerhin binnen acht Stunden aufgetragen werden konnte.

Die Trocknung

Die *Trockenzeit* eines Ölanstrichs ist abhängig vom Ölgehalt und der Art des im Anstrichmittel enthaltenen Öls. Weiter spielen Art und Menge des Sikkativs, die Temperatur und die Luftfeuchtigkeit beim Lackieren eine wichtige Rolle. Fettere, also ölhaltigere Lacke trocknen langsamer als magere Anstriche. Holzöllacke trocknen ausserdem rascher als Leinöllacke. Natürlich spielt auch der Lösungsmittelanteil im Anstrich eine Rolle. Die Verdünnungen sind flüchtig und verdunsten schnell, sie machen also den Anstrich zunächst streichfähig und unterstützen sodann die Trocknung durch ihre Verdunstung, das heisst konkret, durch ihr Verschwinden. Der Anstrichfilm wird um den verdunsteten Lösungsmittelanteil dünner, die Menge an Verdünnung bestimmt dadurch ebenfalls die Trockenzeit. Je langsamer ein Ölanstrich trocknet, desto witterungsbeständiger ist er allerdings auch. Ein wesentlicher Faktor für die Trocknung ist die Schichtstärke, mit der gepinselt wird. «Quäle den Pinsel und nicht die Farbe», ist eine alte Malerweisheit dazu. Wir müssen dünn streichen oder mit einem Lappen die Ölfarben regelrecht aufreiben.

Es ist besonders wichtig, dass der Ölfilm dünn ist, da der *Trocknungsvorgang* unter anderem in einer Oxidation besteht; nur durch ausreichende Sauerstoffaufnahme kann Öl überhaupt trocknen. Zu dicke Ölschichten neigen zu einer Hautbildung, die durchaus mit der eines abkühlenden Puddings zu vergleichen ist. Die äussere Schicht lässt nur noch verzögert den Luftsauerstoff an das Öl herankommen, die Trocknung kann viele Tage bis zu einigen Wochen dauern. Hinzu kommt noch das Phänomen der Volumenzunahme während dieses Vorgangs: der Ölfilm kann bis zu 20 Prozent an Volumen gewinnen. Befindet sich an der Oberfläche bereits eine Haut, so kommt es zu der berüchtigten Runzelbildung. Beobachten können wir dieses Phänomen oft im unteren Kantenbereich von Fensterlaibungen. Herabgesacktes Öl bildet im Winkel eine dicke Schicht. Es ist runzelig und wellig aufgetrocknet.

Nebenbei bemerkt trocknen die Öle auch noch durch Polymerisation, das heisst durch eine weitere chemische Reaktion, die man als fortschreitende Molekülverkettung bezeichnen könnte. Genannt wurde bereits der Zusatz von Trockenstoffen. Diese Sikkative entfalten ihre katalytische Wirkung nur im Mengenbereich zwischen 1 und maximal 5 Prozent; würde man noch höher sikkativieren, würde die Trocknung eher behindert. Im genannten Bereich ist es jedoch so, dass beispielsweise 3 Prozent eine schnellere Trocknung als 1,5 Prozent bewirken. Üblich ist es, im Sommer weniger zu sikkativieren als im Winter, da die sonstigen Trocknungsbedingungen bei sommerlicher Temperatur günstiger sind.

Witterungsbeständigkeit

Die Witterungsbeständigkeit einer Ölfarbe oder eines Lackes ist in erster Linie von der Höhe des Ölgehalts und der Art des untergemischten Harzes abhängig. Bei den Harzen kommt hauptsächlich Kolophoniumglyzerinester in die engere Wahl, begrenzt auch Dammarharz. Die Wasserbeständigkeit wird wesentlich von der Harzmenge und dem Holzölstandölanteil bestimmt. Als Bootslacke wurden lange Zeit magere Ölfarben, das heisst Farben mit einem geringen Holzölanteil und einem hohen Harzanteil, mit gutem Ergebnis angewendet. Dass in diesem Fall die Dampfoffenheit reduziert, nach Möglichkeit sogar ganz beseitigt wird, liegt auf der Hand.

Für wild entschlossene Selbermacher hier ein altes Drogistenrezept für einen Bootslack der Qualität «Superfein hellgelb»:
32 Prozen Kongocopal
32 Prozent Leinöl-Holzöl-Standöl
1 Prozent Sikkativ
35 Prozent Terpentinöl

Dampfoffenheit

Die Begriffe geraten in diesem Zusammenhang schnell etwas durcheinander. Von Diffusions- über Atmungsfähigkeit bis hin zu Atmungsaktivität wird den Anstrichen so allerhand nachgesagt. Wir wollen bei dem Begriff des Dampfdurchgangs bleiben, der im Zusammenhang mit dem konstruktiven Holzschutz unter bauphysikalischen Gesichtspunkten bereits eingeführt wurde. Wenn es darum geht, eine Farbe einzusetzen, die Feuchtigkeit im gasförmigen Zustand hindurchlässt, ist man mit Ölfarben grundsätzlich gut bedient. Diese günstige Eigenschaft besitzen natürliche Ölfarben dank ihres inneren Aufbaus, ihrer molekularen Struktur. Leinölmoleküle sind auch nach dem Trocknen im Schnitt fast fünfzigmal kleiner als Kunststoffpolymerisate. Wenn Kunststoffanstrichen – und hierzu gehören auch die sogenannten «Wasserlacke» – nachgesagt wird, sie seien dampfoffen, gilt das vermutlich nur für den frischen Anstrich. Die über sehr lange Zeit fortschreitende Polymerisation oder Vernetzung der Moleküle führt langfristig zu einer dampfdichten Versiegelung. Der Dampfdurchgangskoeffizient wird wesentlich vom Harzanteil, der abdichtet, bestimmt.

UV-Schutz

Holzoberflächen im Aussenbereich müssen vor der energiereichen Sonneneinstrahlung geschützt werden. Erreichen kann man dies am besten durch eine Pigmentierung. Die Farbkörper übernehmen hierbei die Aufgabe, die Lichteinstrahlung zu reflektieren. Je nach Farbton gibt es hier Unterschiede: Dunkle Farben absorbieren mehr Licht und heizen sich stärker auf, helle Farbtöne dagegen reflektieren besser und bleiben kühler. Für den Lichtschutzfaktor eines Anstrichs ist vor allem die Pigmentmenge entscheidend, das heisst, Lasuranstriche, wie sie derzeit in Mode sind, bieten einen geringeren UV-Schutz als Deckfarben. Wenn aus optischen Gründen Lasuranstriche bevorzugt werden, sollten diese nicht zu knapp eingefärbt werden. Die Grundierungen sollten nicht eingefärbt werden, da die Pigmente das optimale Eindringen des Halböls in die Holzoberfläche nur stören würden. Die Pigmente gehören in den Zwischenanstrich. Im Schlussanstrich würde eine grössere Pigmentmenge den Glanz verhindern und die Wetterfestigkeit beeinträchtigen, eine ganz geringe Pigmentmenge kann jedoch als «Indikator» eingearbeitet werden. Stellt man bei gelegentlichen Kontrollen dann nämlich fest, dass die Ölfarbe zu «kreiden» beginnt, ist es Zeit für eine Nachbehandlung mit dem Öllappen.

Selbstentzündungsgefahr

An dieser Stelle sei noch ein sogenannter Gefahrenhinweis angebracht: Natürliche Öle können sich unter bestimmten Bedingungen selbst entzünden.

Vor Leinöl oder Naturölzubereitungen wie Ölfarben muss niemand Angst haben, sie sind nur schwer entflammbar. Kritisch wird es immer erst dann, wenn Öle gekocht werden. Sehr wichtig ist es aber, zu wissen, dass Öl-Luft-Gemische in abgeschlossenen Räumen einer starken biologischen Aufheizung unterliegen. Wir alle kennen den im Winter dampfenden Kompost- oder Misthaufen, vielleicht auch Geschichten von abgebrannten Heuschobern, in denen unvollständig getrocknetes Heu eingelagert war. In der Mischung mit Luftsauerstoff kommt es zu bakteriellen Abbauprozessen, die viel Wärmeenergie freisetzen. Wird auf einer Baustelle ein ölhaltiger Lappen unachtsam zusammengknüllt in eine Ecke geworfen, ist eine gute Voraussetzung für eine solche Katastrophe geschaffen. Bei entspre-

Ein Schadensfall durch Selbstentzündung von Leinöllappen.

Bierlasuren mit Erd- und Mineralpigmenten.

chender Raumtemperatur und Belüftung kann es zum Schwelen kommen; uns sind einige solcher Fälle bekannt. Im unglücklichsten Fall, und auch das kommt hin und wieder einmal vor, kann er sich durch einen Luftzug sogar entflammen. Die beste Vorsorge, und so haben es Maler und Tischler in der Vergangenheit erfolgreich gemacht, ist, die mit Öl getränkten Lappen unter Luftabschluss aufzubewahren, das heisst sie beispielsweise in einer Blechdose mit Deckel zu lagern. Vor dem Wegwerfen sind sie gut durchzutrocknen.

Der richtige Aufbau einer Holzoberflächenbehandlung

An dieser Stelle soll nicht die Rede von Spezialfällen sein, sondern die standardmässige Behandlung einer gehobelten Holzoberfläche betrachtet werden. Dass Schleiflacke oder Rauhspund andere Aspekte beinhalten, versteht sich von selbst. Anhand des anspruchsvollen Beispieles «Fenster» werden nachfolgend die einzelnen Aspekte erklärt. Der Aufbau ist bei Innen- und Aussenanstrichen grundsätzlich gleich (zu den Besonderheiten der Innenanstriche siehe unten).

Fensteranstriche,
ein Beispiel für besondere Anforderungen

An Fensteranstrichen lassen sich beispielhaft alle Besonderheiten der Ölfarbenbehandlung aufzeigen, da Holzfenster sehr unterschiedlichen Beanspruchungen gewachsen sein müssen. Sie werden stark strapaziert und stehen im Grenzbereich zwischen Innen- und Aussenraum. Im Fensterbereich haben wir aussen mit Frost und Sonneneinstrahlung sowie Hagel und Schlagregen zu rechnen, von innen kommt die höhere Luftfeuchtigkeit, die dem physikalischen Gesetz des Dampfdruckgefälles folgend gerne hinausdiffundieren möchte, und nicht selten gibt es herablaufendes Kondenswasser, welches besonders die unteren Kittfalze in Mitleidenschaft zieht. Das Holz wird von allen Seiten strapaziert. Hinzu kommt die mechanische Beanspruchung beim Öffnen und Schliessen, besonders dort, wo die Flügel den Rahmen treffen beziehungsweise sich wieder von ihm lösen sollen. Die unterschiedlichen Oberflächen von gehobelter Fläche und Hirnholz lassen sich nicht vermeiden, auch darauf muss eingegangen werden.

Auch beim Fenster steht der *konstruktive Holzschutz* an erster Stelle. Ein einwandfreier Wasserablauf muss gewährleistet sein, es darf keine Stellen am Fenster geben, an denen Wasser stehenbleibt. Alle Kanten sollen gerundet werden, so dass Anstrichfilme keine Schwachstellen aufweisen. Auf einer scharfen Ecke lässt sich nämlich kein Anstrich aufbauen. Das heisst nun nicht, dass alle Ecken rund gehobelt werden sollen, es geht hier um den Millimeterbereich, in der Regel ist es ausreichend, alle Kanten einmal mit dem Schleifklotz oder nur mit einem Stück Schmirgelpapier von Hand abzuziehen.

Während bei einem neuen Fenster zunächst auf diese baulichen Aspekte geachtet werden sollte, muss ein altes Fenster auf andere Gegebenheiten hin untersucht werden. Der Untergrund muss möglichst frei von Schmutz, Algen und Verwitterungsresten sein, die eine gute Haftung verhindern würden. Bevor es ans Streichen geht, müssen die richtigen Bedingungen herrschen. Im Aussenbereich ist unbedingt das Wetter zu berücksichtigen, da Regen und Kälte zu schlechten Anstrichen führen. Während Regen den Ölfilm und -auftrag direkt beschädigt, wirkt Kälte der Trocknung entgegen. Am besten sollte bei trockenem, warmem Wetter, jedoch nicht in der prallen Sonne gestrichen werden.

Gerade der erste Anstrich sollte sehr sorgfältig aufgebaut werden. Ein gut geschliffener Untergrund ist die beste Voraussetzung für einen einwandfreien Anstrich. Eine gute *Untergrundvorbereitung* sieht so aus, dass die Fläche glatt geschliffen wird und alle angebrochenen Holzfasern durch Wässern noch einmal aufgerichtet werden. Auch dies geschieht im winzigen Massstab, mit einer Lupe kann man die Vorgänge recht gut erkennen. Einzelne Holzfasern, welche Holzporen verschliessen können, spreizen sich durch das Wässern von der Holzoberfläche ab. Diese Fasern werden noch einmal abgebrochen, indem mit feinstem Schmirgelpapier ganz leicht

Wann?	**Was passiert?**	**Warum?**
Vorbedingungen	tragfähiger, sauberer Untergrund, gutes Wetter	Voraussetzungen für gute Ergebnisse
Vorbereitungen	Wässern, Schleifen, Entstauben	
erster Anstrich	Grundierung mit Halböl oder heissem Leinölfirnis	Auffüllen der Holzporen, gute Verbindung/Haftung
zweiter Anstrich	magerer Zwischenanstrich	Pigmentträger zur Herstellung des UV-Schutzes
dritter Anstrich	fetter Schlussanstrich	Herstellung der Wetter- beständigkeit
Nachbehandlungen	Reinigen Nachölen	Entfernen von Schmutz gegen Abnutzung

nachgeschmirgelt wird. Die Oberfläche wird noch einmal entstaubt, und nun kann ein guter Ölanstrich aufgebracht werden.

Als erster Anstrich erfolgt eine *Grundierung.* Nur ein dünnflüssiges Halböl garantiert ein gutes Eindringen in die Holzoberfläche und damit ein Auffüllen aller Holzporen, so dass sich keine Luftbläschen und damit Löcher im Anstrich bilden können. Die Bezeichnung Halböl rührt daher, dass es sich nur zur Hälfte um Öl handelt, die andere Hälfte besteht aus Verdünnung, also aus Lösungsmitteln. In günstigen Fällen, oder wenn es aus besonderen Überlegungen heraus notwendig erscheint, kann auf Verdünnung verzichtet werden. Das ist immer dann möglich, wenn der Leinölfirnis stark temperiert (50–80 °C) eingesetzt werden kann. Da die Viskosität natürlicher Öle temperaturabhängig ist, entspricht eine Erwärmung um 30 Grad in etwa einer Lösungsmitteleinsparung von 10 Prozent. Für den Innenbereich oder Möbelbehandlungen stellt dies eine echte Alternative dar. Eine Ölgrundierung kann auch als Haftgrund bezeichnet werden, sie soll weitgehend in das Holz einziehen und relativ schnell, spätestens nach 24 Stunden (15–20 Stunden bei 20 °C) matt aufgetrocknet sein.

Der weitere Anstrichaufbau erfolgt von mager nach fett, das heisst, jeder folgende Anstrich enthält einen höheren Standölanteil als der vorangehende. Nur so kann eine dauerhafte Haltbarkeit erreicht werden. Für Fensteranstriche ist es ganz besonders wichtig, eine *dampfoffene* oder *diffusionsfähige Farbe* zu wählen, da, wie gesagt, in diesem Bereich mit einem Dampfdurchgang zu rechnen ist. Auch durch Ritzen oder kleinste Verletzungen kann Feuchtigkeit in das Fensterholz eindringen. Kann diese nicht wieder verdunsten, kommt es zu Holzfäule. Es ist eine unumstrittene Tatsache, dass mit der Einführung der Kunstharzfarben die Holzfenster in den schlechten Ruf mangelnder Haltbarkeit kamen. Schuld waren jedoch die Kunstharzfarben, mit denen dichte Versiegelungen vorgenommen wurden, die zur Bildung von Stauwasserzonen und Wassernestern führten. Es gibt manchmal kleine Blasen im Anstrich, aus denen nach dem Anstechen regelrecht Wasser heraustropft. Dass hier das Holz dem schnellen Verfall geweiht ist, leuchtet ein. Natürliche Ölfarben sind hier die sinnvollste Alternative, da Öle einen ganz anderen Aufbau als Kunstharze aufweisen. Bedingt durch ihre völlig andere Molekülgrösse und ihren «lockeren» inneren Aufbau, lassen sie nämlich Wasserdampfmoleküle hindurch. Fliessendes Wasser hingegen, der Tropfen mit seiner hohen Oberflächenspannung also, wird abgewiesen. Regen perlt also von einer Ölfarbe ab, innere Feuchtigkeit kann jedoch aus dem Holz herausdampfen. Dieses geniale Prinzip erlaubt es geölten und durch Ölfolgebehandlungen gepflegten Fenstern, leicht einmal hundert Jahre oder auch älter zu werden.

Auf die Grundierung folgt der sogenannte *Zwischenanstrich,* fetter als die Grundierung, aber immer noch magerer als der Schlussanstrich. Der Zwischenanstrich ist vor allem Träger für die dem UV-Schutz dienenden Pigmente. Ein zehn- bis zwanzigprozentiger Pigmentanteil im Anstrich schützt das Holz der Fenster in zuträglicher Weise. Der Farbton kann nach Geschmack gewählt werden. Zu bedenken ist nur, dass dunkle Farbtöne sich stärker aufheizen, was zu einer grösseren physikalischen Belastung durch den Wechsel von Dehnung und Schrumpfung führt. Ein weiss gestrichenes Fenster kann bis auf 38 °C, ein schwarz gestrichenes hingegen bis auf 73 °C aufgeheizt werden. Seit alters her bewährt haben sich die italienischen Erden Terra di Siena natur und gebrannt.

Der *Schlussanstrich* schliesslich soll ein fetter, standölreicher Anstrich sein. Standöle gewähren einen guten Verlauf, sind nicht wasserquellbar, also witterungsfester und dauerhaft. Hiermit ist die Aussenbehandlung des Fensters abgeschlossen. Der Anstrich kann später gelegentlich mit mildem Seifenwasser gereinigt werden. Zeigen sich erste Anzeichen der Abnutzung, sollte ohne viel Aufwand nachgeölt werden.

Schwachstellen sollten eine Sonderbehandlung erfahren, dies gilt ganz besonders auch für den Moment des Neueinbaus. Vor dem Einbau ins Mauerwerk sollten die Fenster dort, wo mit späterem Feuchtigkeitsanfall zu rechnen ist, also überall dort, wo eine Berührung mit dem Mauerwerk ansteht, dichter und harzreicher gestrichen werden. Es hilft ein mehrmaliger Anstrich mit erhöhtem Harzanteil. Er soll in etwa die Aufgabe übernehmen, die heute oft Plastikplanen zugedacht wird. Dasselbe gilt übrigens für Wasserschenkel, an denen Wasser abtropfen soll, und für den Bereich unterhalb der Kittleisten. Auch Hirnholzbereiche, die potentiell besonders wassergefährdet sind, können auf diese Art abgedichtet werden. Wenig geölt beziehungsweise nur grundiert werden die Berührungsflächen von Rahmen und Fensterflügeln, besonders dort, wo Gummilippen vorliegen. Letztere sollten überhaupt nicht überstrichen werden. Nur so kann vermieden werden, dass sie verkleben; ein Nachölen mit Grundieröl ist später schnell und ohne Aufwand gemacht.

Folgebehandlungen werden immer dann nötig, wenn der Ölanstrich abzuwittern beginnt. Anders als Kunstharzfarben werden Ölfarben nie in ganzen Schichten herunterblättern, sondern ihre Bindung wird langsam zerstört. Sie zerfallen von aussen nach innen. Bemerkbar macht sich das dadurch, dass sie irgendwann ihren Glanz verlieren und abzufärben beginnen. Nun ist es Zeit für einen Wiederholungsanstrich. Gereinigte Ölfarben dürfen immer wieder ohne Probleme mit Ölfarben überstrichen werden, es ist nicht nötig, sie zuvor zu entfernen. Wird ein Ölfarbenanstrich regelmässig gepflegt, kann er allerdings fast unbegrenzt halten. Die Pflege besteht darin, dass bei etwa jedem zehnten Fensterputzen oder je einmal im Frühjahr und im Herbst die aussen sichtbaren und damit der Witterung ausgesetzten Rahmen und Flügel mit einem ölhaltigen Lappen nachgeölt werden. In diesem Fall sollte es sich um eine fette, standölreiche Mischung handeln.

Für den *Fenster-Innenanstrich* muss kein UV-Schutz eingeplant werden. Wer will, kann also auch mit transparentem Klarlack arbeiten. Aus den bereits beschriebenen Gründen des Dampfdiffusionsgefälles soll der Innenanstrich jedoch immer dichter als der Aussenanstrich sein. Damit entsprechen wir den bei uns überwiegend gegebenen Witterungsverhältnissen; dass es Ausnahmetage gibt, an denen von aussen Feuchtigkeit hereinkommt, soll uns nicht irritieren. Es ist günstig, fette oder auch harzreiche Lacke einzusetzen. Diese sind zugleich strapazierfähig, wie man es sich von Fensterbänken wünscht. Entweder kauft man bereits fertig angemischte Hartöle oder stellt sich einen Lack aus Harzölen und Leinölfirnis selbst her. Man benutzt hierzu mit Glyzerin verkochtes Kolophonium, welches in Balsamterpentinöl gelöst ist. Dieses 30- bis 40prozentige Harzöl wird mit 10 bis 20 Prozent Leinölfirnis vermischt, um die Sprödigkeit des reinen Harzes zu mildern und dem Anstrich eine gewisse Elastizität zu geben. Dieser Öllack ist hart genug, um strapazierfähig zu sein, und diffusionsdicht genug, um dem gegebenen Gefälle zu entsprechen.

Fussbodenlacke

Fussböden, also Dielen oder Parkett, müssen besonderen Belastungen standhalten. Die Öle oder Wachse müssen besonders hart, dabei aber auch elastisch sein. Man wird also immer Mischungen aus weichen Ölen und harten Wachsen oder Harzen einsetzen. Dennoch müssen Holzfussböden gepflegt und nach einigen Jahren erneut behandelt werden. Die ständige Benutzung halten sogar Kunststoffversiegelungen nicht jahrelang aus, ohne Schaden zu nehmen. Im Gegensatz zu einer Versiegelung, die das Holz völlig abdichtet und damit nicht atmen lässt, muss ein Naturharzanstrich, wenn er einmal abgewetzt ist, nicht grossflächig abgeschliffen, sondern kann nachgebessert werden. Der Turnus, in dem das geschehen muss, variiert je nach Beanspruchung sehr stark, von einmal alle paar Wochen bis zu jährlich. Ein Läufer auf den «Hauptwegen» schont den Fussboden und spart somit Arbeitskraft. Eine Alternative zum Ölen oder besser noch eine abschliessende Ergänzung ist das Wachsen.

Ein Beispiel für einen halbfetten Bernsteinfussbodenlack aus einem alten Rezeptbuch:
32 Prozent Bernstein
19 Prozent Holzöl
6 Prozent Leinöl
1 Prozent harzsaures Bleimangan (als Sikkativ), unverdünnt
42 Prozent Terpentinöl

Das Herstellen von Copal- und Bernsteinlacken sollte man lieber den ökologischen Farbenherstellern überlassen. Copale und Bernstein müssen in einem relativ engen Temperaturbereich bei weit über 300 °C geschmolzen werden. Der Zusatz heissen Öls ist nicht ungefährlich.

Öllasuren und Deckfarben selber anreiben

Öllasuren und deckende Ölfarben unterscheiden sich hauptsächlich im Pigmentanteil. Beide kann man sich selber anrühren, bei den Deckfarben kommt es allerdings leicht zu etwas dickschichtigen Farbaufträgen, die langsamer trocknen. Sehr wichtig ist eine gute Benetzung der Pigmente mit Öl und damit ein völlig klumpenfreies Dispergieren der Farbkörper im Öl. Es würde zu weit führen, hier den Bindemittelbedarf und die Benetzbarkeit aller Pigmente zu erörtern. Leicht vorstellbar ist jedoch, dass das Öl unterschiedliche Mengen von unterschiedlich schweren Pigmenten binden kann. Als Faustregel, die man gegebenenfalls im Versuch überprüfen sollte, kann man sagen, dass Leinölfirnis in der Lage ist, mindestens die gleiche Gewichtsmenge an Pigmenten zu tragen.

Professionell werden die Mischungen heute so hergestellt, dass Öle und Pigmente zunächst in einem Dissolver vorgemischt werden. Spezielle Maschinen wie Perlmühlen oder Walzenstühle besorgen die Feinvermischung bis in den Bereich weniger Mikrometer. Früher hatten viele Maler Trichtermühlen, in denen sie kleinere Mengen hervorragender Lackpasten herstellen konnten. Die handwerkliche Methode, derer sich jeder auch heute noch bedienen kann, ist das Anreiben mit Spachteln oder Lackmessern. Hierzu wird ein Pigmenthäufchen auf einer ebenen Unterlage wie einer Marmorplatte aufgeschüttet und dann mit zunächst wenig Öl beträufelt. Mit dem Spachtel wird der entstehende Brei so lange durchgearbeitet, bis er völlig homogen ist. Durch die Reibung entstehen hohe Scherkräfte, die eine gute Durchnetzung bewirken. Der zähe Brei wird später mit Öl verdünnt.

Ein naturnahes Hilfsmittel zum Benetzen mancher schwer zu verarbeitender Pigmente wie Cassler Braun, Flammruss oder Rebschwarz ist die Ochsengalle. Leider ist sie geruchlich nicht gerade als angenehm zu bezeichnen. Beim Anmischen von Ölfarben sollten alle zuvor genannten Aspekte berücksichtigt werden, um zu guten Ergebnissen zu gelangen. Wem das Ganze für den Anfang etwas zu kompliziert erscheint, dem können die fertigen Ölfarben der im Anhang genannten Naturfarbenhersteller ruhigen Gewissens empfohlen werden.

Olivenöl und Ochsenblut

Abschliessend möchten wir noch zwei besondere Rezepturen erwähnen, die etwas aus dem Rahmen fallen, darum aber nicht weniger sinnvoll und brauchbar sind. Sie stammen aus entfernteren Regionen, können aber genau dort auch heute sehr gut eingesetzt werden. Wie weit sich diese Anstrichmittel im mitteleuropäischen Raum bewähren, wäre zu erproben. Wenn die Umgebungsbedingungen berücksichtigt werden, kann jedoch eine optimistische Voraussage gemacht werden.

Aus dem Mittelmeerraum stammt folgendes alte Rezept für eine Holzoberflächenbehandlung. Es handelt sich um eine Ölfarbe mit Olivenöl, welches ohne weitere Behandlung sehr schlecht trocknet. Nach folgendem Rezept soll es allerdings einen guten Holzanstrich abgeben:

1 l Olivenöl mit einem Esslöffel Meersalz vermischen und erwärmen,
langsam 2 Esslöffel Essig hinzugeben.
Das Ganze heiss auftragen.

Holzhütten können, wie in Skandinavien auch heute noch oft zu sehen, nach einer sehr alten Rezeptur dauerhaft haltbar gestrichen werden. Trotz ihres Namens hat die dazu verwendete sogenannte Ochsenblutfarbe solches wohl nur selten enthalten. Die Bezeichnung geht vermutlich auf den Farbton zurück. Allerdings ist nicht auszuschliessen, dass gelegentlich auch Blut verarbeitet wurde, da die Albumine des Blutes, ähnlich wie das Eiweiss des Kaseins, eine Bindemittelfunktion einnehmen können. Wer es einmal ausprobieren möchte, kann dies nach einem alten schwedischen Originalrezept tun:

Benötigt werden 200 g Roggenmehl,
800 g Erdfarbe (am besten Eisenoxid-Hämatit),
150 g Eisenvitriol, Leinölfirnis, eventuell harzige Lösungen und Wasser.
Das Mehl wird mit kaltem Wasser angerührt und zu Mehlkleister verkocht. Die Erdfarbenpigmente und das Eisenvitriol werden mit heissem Wasser angerührt; das Ganze soll danach eine halbe Stunde kochen, die Öle können gleich zugegeben werden.

Wachse und Wachsbehandlungen

Der Begriff Wachs ist nirgendwo genau definiert. Man assoziiert mit Wachs etwas Natürliches, was es aber nur in den seltensten Fällen ist. Wenn heute Wachse verkauft werden, handelt es sich vielfach um salbenartige Kunststoffmassen. Für den Chemiker sind Naturwachse Ester langkettiger Fettsäuren und langkettige Alkohole. Auf die synthetischen Wachse wie Säurewachse, Amidwachse oder Kohlenwasserstoffwachse wollen wir nicht eingehen. Was uns interessieren soll, sind die reinen Naturwachse, mit denen wir in der Holzoberflächenbehandlung arbeiten.

Carnaubawachs.

Rohstoffe für Wachspräparate

Zunächst wollen wir wieder einen kurzen Überblick über natürliche Wachse geben, um uns dann auf jene zu konzentrieren, mit denen üblicherweise gute Ergebnisse in der Holzoberflächenbehandlung erzielt werden. Früher waren *Erdwachse* natürlich zutagegetretene Abscheidungen von Erdöllagerstätten. Die heute im Handel erhältlichen Ozokerite sind meist keine echten Erdwachse mehr, sondern Raffinate von Destillationsrückständen des Erdöls. Sie sind in ihren Eigenschaften den ursprünglichen, gereinigten Erdwachsen allerdings sehr ähnlich. Das gleiche Wachs findet sich übrigens beim Löschen von Rohöldampfern auf dem Tankboden.

Tierische Wachse

Schafe sondern aus ihren Schweissdrüsen ein *Wollwachs* ab. Dieses Lanolin eignet sich nicht zur Holzoberflächenbehandlung, da es einen sehr niedrigen Schmelzpunkt hat. Es wird in Babypflegemitteln, Cremes, Lederpflegepräparaten und in der Kosmetik eingesetzt. *Schellackwachs* ist zu etwa 5 Prozent im Schellack enthalten. Es ist ein hartes, bräunliches Wachs. Man kann es zur Holzoberflächenbehandlung einsetzen, es erreicht aber nicht die Härte von Carnaubawachs. *Bienenwachs* ist sicher das bekannteste natürliche Wachs. Es wird von Bienen produziert, hauptsächlich um damit die kleinen Waben für ihre Brut zu bauen. Ein Bienenvolk produziert in zwei Sommermonaten ungefähr 300 g Wachs. Bienenwachs wird seit Urzeiten von den Menschen zur Oberflächenbehandlung genutzt. Es diente auch zum Einbalsamieren von Toten, zur Lederpflege und zur Kerzenherstellung. Das Bienenwachs wird geschmolzen und gereinigt, bleibt ansonsten aber unverändert und behält den charakteristischen, honigartigen Geruch. Gebleichtes Bienenwachs ist zwar heller, wird aber mit vielen Chemiekalien bearbeitet. Im Bleichverfahren werden vorwiegend Chlor und Chrom eingesetzt. Bienenwachs hat eine mässige Härte und einen Schmelzpunkt zwischen 60 und 65 °C. Bienenwachs eignet sich zur Holz- und Wandoberflächenbehandlung, für den Fussbodenbereich ist es nicht hart genug.

Pflanzliche Wachse

Auch Pflanzen produzieren Wachse. Jeder kennt blankpolierte Herbstäpfel, solche Polituren sind möglich, da sich an der Oberfläche der Äpfel eine dünne Wachsschicht befindet. Besonders in den Tropen produzieren viele Pflanzen Wachse als Verdunstungsschutz. Es gibt diverse pflanzliche Wachse, die jedoch meist nicht im Handel sind, wie beispielsweise Sisalwachs, Flachswachs, Reiswachs, Oleanderwachs, Teewachs, Kaffeewachs, Bambuswachs und so fort.

Von Bedeutung ist das Carnaubawachs. Es gilt als das härteste natürliche Wachs und stammt von der Fächerpalme, die es auf den Blattunterseiten ausscheidet. Ihr Hauptanbaugebiet liegt in Brasilien, wo sie auf riesigen Flächen angebaut wird. Carnaubapalmen werden 7 bis 14 Meter hoch und erreichen ein Alter von bis zu 200 Jahren. Eine Palme liefert pro Jahr rund 150 g Wachs. Die geernteten Blätter werden über Wasserdampf abgekocht. Durch Schmelzen erhält man das Wachs, welches filtriert und zu Blöcken gegossen wird. Der Schmelzpunkt von Carnaubawachs liegt um die 83 °C. Aufgrund der grossen Härte eignet es sich hervorragend zur Fussbodenbehandlung. Der Handelsname der naturbelassenen Sorte lautet «Prima Gelb». Für gebleichte Carnaubawachse gilt ebenso wie für Bienenwachse, dass dazu mit Chromsäure und Chlor gearbeitet wird. Carnaubawachs eignet sich zur Holzoberflächenbehandlung oder auch zur Wachsbehandlung von Wänden. Ausser im maltechnischen Bereich wird es noch zum Wachsen von Zitrusfrüchten eingesetzt. Auch als Trennmittel für Süsswaren findet es Verwendung, beispielsweise damit unsere beliebten Schokolinsen nicht «zusammenbacken». Auch Autopolituren werden mit Carnaubawachsanteilen hergestellt, was noch einmal zeigt, dass es recht wasserunempfindlich ist.

Candelillawachs ist ein Wachs von bestimmten Wolfsmilchgewächsen, die in Trockengebieten und Halbwüsten wachsen. Candelillawachs ist ähnlich hart wie Carnaubawachs, hat aber einen etwas niedrigeren Schmelzpunkt, der bei etwa 70 °C liegt. Zur Fussbodenbehandlung empfiehlt es sich nicht, da es durch den relativ hohen Harzgehalt etwas schmutzempfindlich ist.

Herstellung und Verarbeitung von Pflegemitteln

In der Holzoberflächenbehandlung werden nur Bienen- und Carnaubawachs eingesetzt. Das liegt daran, dass sie technisch gut geeignet und auf dem Markt zu vernünftigen Preisen erhältlich sind. Beide Wachse sind als Rohstoff bei normalen Zimmertemperaturen fest. Um sie auftragsfähig zu machen, werden in der Regel Wachspräparate in weicher Salbenform hergestellt. Die Wachse einfach in einem Topf zu erhitzen und zu schmelzen, um sie dann auf das Holz aufzutragen, wäre wenig ergiebig, da sie auf dem kälteren Untergrund sofort wieder erstarren würden. Die erwärmten, flüssigen Wachse werden darum mit Flüssigkeiten vermischt, so dass sie beim Erkalten in einen pastösen Zustand übergehen. Je nach Temperatur ist diese Paste oder Salbe fester oder flüssiger, je nach Mischungsverhältnis ist sie von vornherein weicher oder härter. Gut geeignet sind Leinöl oder Lösungsmittel wie portugiesisches Balsamterpentinöl oder Orangenschalenöl.

Eine Richtrezeptur für ein Möbelwachs sieht folgendermassen aus:
1 Liter Leinölfirnis im Wasserbad auf 60 bis 80 °C erhitzen, 100 bis 150 g Bienenwachs und/oder Carnaubawachs unter Rühren dazugeben, das Ganze erkalten lassen, und fertig ist die Paste.

Diese Paste muss dünn aufgetragen werden, am besten mit einem weichen, fusselfreien Tuch. Das dünne Auftragen ist sehr wichtig, da dicke Schichten nie richtig trocknen und klebrig bleiben würden. Dieser Ansatz ist völlig lösungsmittelfrei.

In der Regel wird portugiesisches Balsamterpentinöl und/oder Orangenschalenöl eingesetzt. Die Wachszubereitung mit diesen Stoffen hat den Vorteil, dass der Wachsauftrag schneller trocknet. Das Terpentinöl oder das Orangenschalenöl verdunstet, das Wachs bleibt auf dem Holz. Nach einigen Stunden muss poliert oder gebohnert werden, erst dadurch wird die Wachsschicht so verdichtet, dass sie eine strapazierfähige Oberfläche erhält. Es ist unbedingt nötig, dem Terpentin- oder Orangenschalenöl einige Prozent Leinölfirnis zuzugeben, da dieses als Weichmacher dient. Carnaubawachs ist viel zu spröde, um allein eine gute Oberfläche zu ergeben, ausserdem haftet das Wachs in seiner Zubereitung besser auf dem Holz.

Wachsbehandlungen sind für alle Holzoberflächen im Innenbereich geeignet. Sämtliche Weichhölzer wie auch Eiche als grobporiges Hartholz können wunderschön behandelt werden. Schreibtische, Bücherregale, Betten, Stühle und Fussböden eignen sich, wenn sie nicht allzu stark strapaziert werden, für Wachsbehandlungen. Die Oberfläche fühlt sich gut an, die Poren bleiben offen und damit das Holz diffusionsfähig. Das feingeschliffen vorbereitete Holz kann vor dem ersten Wachsauftrag grundiert werden. Grundiert wird mit verdünntem oder heissem Leinöl oder Lackleinöl. Das Wachspräparat wird mit einem nichtfusselnden, weichen Lappen in Faserrichtung aufgetragen. Wichtig ist, das sei noch einmal wiederholt, dass man es sehr dünn aufträgt. Als Richtwert gelten 20 ml pro Quadratmeter, das entspricht ungefähr 2 bis 3 Teelöffeln. Diese Verbrauchsmenge sollte beachtet und kontrolliert werden. Wichtig ist, dass die gewachste Oberfläche nach ein paar Stunden mit einer Rosshaarbürste oder einem Bohnerbesen (Blocher) geglättet und blankgerieben wird. Dieser Vorgang des Wachsauftragens kann beliebig oft wiederholt werden, je öfter das geschieht, desto härter wird die Oberfläche. Bei grossflächigem Auftrag zum Beispiel im Bodenbereich sollte gut gelüftet werden, das heisst, einander gegenüberliegende Fenster und Türen öffnen, weil durch den lösungsmittelhaltigen Wachsauftrag Terpentin- oder Orangenschalenöl frei wird und verdunstet. Da Terpentin- und Orangenschalenöl schwerer als Luft sind, liegen sie auf dem Boden, das heisst, sie haben Fliesseigenschaften wie Wasser. Es ist wichtig, die Türen zu öffnen, damit die Lösungsmittel in Bodennähe «hinauskriechen» können. Irgendwo ein Oberlicht zu öffnen, reicht nicht aus.

Das Einfärben von Wachsen ist möglich, allerdings nur begrenzt sinnvoll. Durch einen mehrlagigen Wachsauftrag kann es zu unterschiedlichen Farbtönen kommen. Sinnvoller wäre es hier, mit einer Bierlasur (Bier mit ca. 10 Prozent Pigmenten) das Holz einzufärben. Darüber könnte transparent eine Wachsschutzschicht angebracht werden.

Wer sich in der Herstellung von Wachspräparaten versuchen möchte, kann folgende alte Drogistenrezepte als Richtschnur nutzen. Immer ist grosse Vorsicht angebracht, da wir es mit brennbaren Bestandteilen zu tun haben. Besonders beim Erhitzen von Lösungsmitteln ist mit Bedacht vorzugehen – auch ein Wasserbad kann überkochen.

Hartwachsrezept:
Man mische einen Teil Stearin, 5 Teile Bienenwachs, 12 Teile Pottasche, 2 Teile harte Seife sowie etwas Wasser und Farbstoff. Das Ganze wird im Wasserbad erwärmt und vermischt.

Ein weiteres Hartwachsrezept:
75 Teile Bienenwachs, 75 Teile Schellack, 6 Teile weisses Harz (auch Dammar kann man im Wasserbad schmelzen), 100 Teile Terpentinöl und 400 Teile Alkohol erwärmen und schnell vermischen.

Politurrezept:
24 Teile zerkleinertes Bienenwachs werden mit 6 Teilen zerkleinertem Carnaubawachs bei 60 bis 70 °C geschmolzen. Das Ganze wird mit 30 Teilen Balsamterpentinöl und 40 Teilen Leinölfirnis vermischt.

Ein altes Rezept für Polierwachs:
Man schneidet ein halbes Pfund Bienenwachs in kleine Stückchen, bringt solches in einen reinen Tiegel und lässt es auf gelindem Kohlefeuer zerlaufen, wo man 4 Lot klargestossenes Colophonium darunterrührt. Ist das Colophonium zerflossen und hat sich gänzlich mit dem Wachs vereinigt, so hebt man den Tiegel mit der Masse vom Feuer ab und rührt noch 8 Lot erwärmtes Terpentinöl darunter, wobei fleissig umgerührt werden muss, damit sich alles wohl miteinander vermischt.

Man kann den geschmolzenen Wachsen natürlich auch Harzlösungen zusetzen. Die Wachssalben werden dadurch härter, aber auch diffusionsdichter. Je mehr Harz im Wachs enthalten ist, um so diffusionsdichter ist die Wachssalbe, dies gilt für Wachspräparate ebenso wie für Ölfarben.

Weitere Anstriche und verwandte Baustoffe

Schellackprodukte

Schellack hat seine Bekanntheit vor allem durch die Schellackschallplatten erlangt. Nicht weniger verbreitet, aber weniger bekannt ist sein Einsatz in Siegellacken. Wer früher eine Lackstange anschmolz, um sein Siegel in die herabtropfende Masse zu drücken, hat Schellack geschmolzen. In der Anstrichtechnik ist Schellack als Ausgangsprodukt für Spirituslacke schon lange bekannt. Ausserdem benutzten die Maler Schellacklösungen als Sperrgrund gegen Durchsottungen (Fettflecke) und Wasserflecke.

Schellack, ein besonderer Rohstoff

Schellack, ein wachshaltiges Harz, ist ursprünglich ein Abfallprodukt der Lebensprozesse indischer Schildläuse. In der Literatur scheint man sich un-

Der Farbenweg – gemeinsam mit dem Kunden
ein Gespür für natürliche
Farben, Lacke, Kleber
und Polituren entwickeln.

eins, ob es sich um ein Ausscheidungsprodukt der Läuse oder der Pflanzen handelt. Für uns soll folgende Definition aus einem alten Maler- und Lackiererlehrbuch ausreichen: Schellack ist eine Ausscheidung indischer Laubbäume, die durch die Schildlaus angestochen werden. Durch diese Einwirkung tierischer Stoffe erhält das Baumharz seine besonderen Eigenschaften. Die kleinen Tiere leben vornehmlich auf den Triebspitzen bestimmter Pflanzen, die sie anstechen und aussaugen. Die Ausscheidungen, die bald den ganzen Ast inklusive der Läuse überziehen, ergeben den Schellack. Diese Krusten werden abgeschlagen und in Tüchern gesammelt, um anschliessend erwärmt zu werden, bis sie zu einem sirupartigen Saft eingeschmolzen sind. Diese Masse mit einem Anteil von ungefähr 6 Prozent Wachs, wird mit der Hand zu grossen Laken beziehungsweise hauchdünnen Scheiben aufgespannt. Man kann sich das ein wenig wie das Ausziehen eines Kaugummis vorstellen. Dabei erkaltet und erhärtet der Schellack. Allein das Fallenlassen ergibt die typischen Blättchen oder Schuppen, in denen Schellack gehandelt wird. Es gibt eine Reihe unterschiedlich gefärbter Sorten, von Hellgelb bis Dunkelbraun, oft haben sie einen leichten Rotstich.

Spirituslacke

Für Innenlackierungen auf Holz wurden früher oft sogenannte Spirituslacke eingesetzt. Es handelt sich um Lacke aus in mindestens 95prozentigem Spiritus gelösten Harzen. Oft wurden Kopale aus Manila, Sierra Leone oder Borneo dafür eingesetzt, wozu noch etwas venezianisches Terpentinöl benötigt wurde. Bekannt sind auch die Schellackzubereitungen, die meistens als Möbelpolitur dienten. Spirituslacke können sehr dünnflüssig sein und trocknen durch die rasche Spiritusverdunstung recht schnell. Manchmal ist es dadurch fast problematisch, grössere Flächen gleichmässig zu lackieren. Unter Restauratoren berühmt ist der Petersburger oder Russische Lack, der durch kleine Ölzugaben etwas elastischer wurde als reine Harzlacke. Farbige Spirituslacke wurden hergestellt, indem man alkohollösliche Teerfarbstoffe unter den gelösten Schellack mischte. Es können jedoch auch ungiftige Erdpigmente benutzt werden, um Spirituslacke herzustellen. Wir haben diese Anwendung noch nicht weiterverfolgt, doch für den Hausgebrauch ergaben sich recht vernünftige Anstrichmittel.

Für experimentierfreudige Leser hier ein erprobtes, aber nicht ganz ungefährliches Rezept zur Herstellung von Schultafellack:

Man nehme 4 Teile Blätterschellack und löse ihn über Nacht in 10 Teilen Brennspiritus. Dann werden 2 Teile dunkelgrüne Umbra und 1 Teil Eisenoxidschwarz klumpenfrei eingerührt. Die liegende Tafel wird damit zügig gleichmässig eingestrichen, der Spiritus wird angezündet und abgebrannt (Vorsicht, das geht flott!). Das Ergebnis ist eine schöne, rauhe Oberfläche.

Schellackpolituren

Für diese Polituren wird meist nicht eingefärbter Spirituslack in oft ganz besonderen und nicht selten geheimen Zubereitungen verwendet. Die meisten der edlen, hochglänzenden Antiquitäten tragen Schellackpolituren. Diese sind zwar sehr hart, aber wenig wasserfest. Leicht kommt es zu blinden Flecken, die nur schwer wieder auspoliert werden können. Die Herstellung von Schellackpolituren ist vor allem eine handwerkliche Herausforderung, da das Ergebnis wesentlich von der Abfolge vieler Anwendungsschritte abhängt. Die Politur wird mit Ballen aufgetragen, wobei langsam in vielen Schritten eine erhebliche Schichtdicke aufgebaut wird. Die alten Meister sollen gern mit einer Zigarre im Mund gearbeitet haben, da ein Stückchen herabfallende Zigarrenasche genau das richtige Poliermittel für Zwischenschliffe war. Wer sich hierin versuchen möchte, muss wohl vor allem üben. Es gibt eine Reihe von Fachbüchern, die sich speziell mit diesen Arbeiten beschäftigen.

Rostschutzanstriche

Rost ist sozusagen das natürliche Verwitterungsprodukt von Eisen. Überall wo ungeschützte Eisenteile zu finden sind, findet man auch Rost. Gleichgültig ob Eisengeländer, Eisenplatten oder verarbeitete Bauteile wie Schubkarrenwannen oder Fahrradrahmen, jedes Eisen rostet. Unterschiedliche Stahlsorten rosten unterschiedlich schnell, aber Rost wird es immer geben. Dies ist aber kein Grund zur Panik.

Die rötliche Rostschicht besteht aus Eisenoxiden und Eisenhydroxiden verschiedener Oxidationsstufen. Ein Millimeter Eisen liefert dabei 12 bis 15 Millimeter Rost. Diese Volumenzunahme ist einer der Gründe der Absprengungen von Stahlbetonbauten, wenn die Stahlkerne feucht geworden sind. An völlig ungeschützten Eisen- und Stahlteilen gehen jährlich 0,08 bis 0,15 Millimeter Eisen in Rost über. Wenn Eisen mit saurer, feuchter Luft oder gar mit saurem Regen in Verbindung kommt, bildet sich Eisen-II-Hydroxid. Mit der fortschreitenden Alterung bildet sich daraus das wasserunlösliche Eisen-III-Hydroxid. Das bedeutet, dass Eisen im Laufe der Jahre durch Rost eine Art Patina bildet. Der Prozess ist mit der Bildung von Grünspan auf Kupfer oder Zinkoxidschichten auf Zinkblechen vergleichbar. In allen Fällen handelt es sich um eine Art natürlichen Korrosionsschutz, der das Fortschreiten der Verwitterung verzögert und behindert. Trotzdem entstehen ständig erhebliche Schäden durch Verrostung, besonders dort, wo die konstruktive Stabilität leidet.

Schuppenpanzerfarbe

Ein einfacher und sehr wirksamer Rostschutz ist das Streichen des Eisens mit Leinölfirnis. Für den Innenbereich reicht das oft schon aus, eine kleine Standölzugabe kann nicht schaden. Wenn eine bessere Wetterbeständigkeit für Aussenanstriche benötigt wird, sollte ein Standölanteil von ungefähr 20 Prozent eingemischt werden. Ausserdem ist eine Zugabe von Eisenglimmer sehr vorteilhaft.

Diese Schuppenpanzerfarbe wird folgendermassen angerührt:
8 Teile Leinölfirnis mit 2 Teilen Leinölstandöl mischen. Auf 1 Liter Ölmischung 1,3 bis 1,5 kg Eisenglimmer unterrühren, auf Wunsch eine kleine Menge Buntpigmente hinzufügen. Eventuell mit Balsamterpentinöl die Streichfähigkeit einstellen.

Die Untergrundvorbehandlung und der Anstrich

Die Eisenteile sollten zunächst möglichst rostfrei sein. Das mechanische Entrosten erfolgt bei dickeren Schichten zweckmässigerweise durch Abklopfen. Ein mittelschwerer Hammer sprengt Rostschichten gut ab. Anschliessend wird mit der Drahtbürste und eventuell mit Schleifpapier gearbeitet, falls vorhanden und gewünscht auch unter Einsatz von Maschinen. Nach unserer Erfahrung muss das Metall nicht unbedingt blank sein, alle losen Teile müssen aber auf jeden Fall entfernt werden.

Von Rostumwandlern raten wir ab, da es sich meist um phosphorsäurehaltige Präparate handelt, die nicht gerade gesundheitsförderlich sind. Sollte das Metall – gerade frisches Eisen ist oft eingefettet – fettig sein, muss es mit Orangenschalenöl oder Balsamterpentinöl abgewaschen werden. Günstig ist, zunächst einen dünnen Erstanstrich Schuppenpanzerfarbe aufzubringen. Als Schlussanstrich erfolgt ein zweiter Schuppenpanzerfarbanstrich, allerdings am besten mit einem erhöhten Standölanteil von bis zu 30 Prozent.

Abbeizer

Abbeizer haben die Aufgabe, alte Anstriche aufzulösen. In der Regel bedeutet das, die öligen und harzigen Bindemittel aufzuweichen und durch Verseifung wasserlöslich zu machen. Bei manchen modernen und besonders harten Kunstharzlacken kommen wir mit natürlichen Laugen nicht mehr aus, man muss dort auf konventionelle Abbeizlaugen, wie zum Beispiel Natronlauge, zurückgreifen. Da die handelsüblichen Abbeizer oft schädliche Lösungsmittel wie beispielsweise Methylenchlorid enthalten, raten wir, solche Arbeiten gut ausgerüsteten Fachbetrieben zu übergeben. Alle alten Ölfarben – und hier haben wir schon wieder einen Vorteil von traditionellen Ölfarben – lassen sich jedoch problemlos ganz natürlich abbeizen oder ablaugen.

Sumpfkalk und Schmierseife als Abbeizer

Einen sehr wirksamen Abbeizer für traditionelle Ölfarben kann man sich leicht selbst anrühren. Man benötigt feste Schmierseife (z.B. Kalischmierseife) und Sumpfkalk, die zu gleichen Teilen gemischt werden. Im Zweifelsfall kann man mit einer kleinen Menge einen Versuch machen. Die meisten Schmierseifen aus der Drogerie sind gut geeignet. In der Regel müssen noch einige Tropfen Wasser hinzugegeben werden, um die Masse geschmeidig zu machen. Diese Mischung verseift alte Ölfarbenanstriche, so dass sie nach einer Einwirkdauer von einer halben bis zu einigen Stunden abwaschbar werden.

Die beiden Bestandteile (Sumpfkalk und Schmierseife) können mit einem Spachtel gut vermischt werden. Wer eine grössere Menge anrühren möchte, kann dies auch mit Bohrmaschine und Quirl tun. Selbstverständlich darf man diesen Abbeizer wegen seiner hohen Alkalität nicht in die Augen bekommen und sollte ihn sorgfältig handhaben. Ein kleiner Versuch an der abzubeizenden Fläche ist schon deshalb empfehlenswert, damit die Wirkung genau beobach-

Abbeizer: Auflösen und Entfernen alter Anstriche.

tet werden kann. Manche Hölzer reagieren nämlich mit schwärzlichen Verfärbungen, das betrifft vor allem die gerbsäurehaltigen Sorten wie Eiche oder Kirsche. Der Abbeizer wird mit dem Spachtel oder einem Pinsel in nicht zu dünner Schicht aufgetragen und soll danach einwirken. Der Zeitraum ist von Art und Alter des Anstrichs abhängig und muss erprobt werden. Manchmal kann man bereits nach einer halben Stunde bis zu vier Malschichten in einem Arbeitsgang abnehmen. Dies geschieht mit einem Spachtel. Wenn man Glück hat und der Altanstrich besonders weich geworden ist, kann man ihn sogar mit Wasser und einer Wurzelbürste entfernen.

Das vom Altanstrich befreite Holz soll anschliessend gut abgewaschen werden, Reste des Abbeizers können mit einem Schuss Haushaltsessig im Waschwasser neutralisiert werden. Dies ist wichtig, falls wieder mit Ölfarben gestrichen werden soll. Das Holz quillt durch das Abbeizen immer etwas auf, so dass ein Nachschleifen nötig ist. Die Abfälle sind leider als Sondermüll zu behandeln. Das heisst nach im Moment gültiger Abfallverordnung, dass Farbreste, wenn sie eingetrocknet sind, in den Hausmüll gegeben werden dürfen. In nasser Form müssen sie jedoch einer gesonderten Entsorgung zugeführt werden. Auch wenn wir mit unserem Abbeizer dem Gesamtgeschehen keine problematischen Stoffe zugeführt haben, bleibt die Frage offen, was wir eigentlich abgebeizt haben. Bei alten Farben ist es nicht auszuschliessen, dass beispielsweise bleihaltige Pigmente oder Spachtelmassen im Abfall enthalten sind.

Während des Abbeizens sollte man darauf achten, dass der aufgetragene Abbeizer nicht austrocknet. Um dies zu verhindern, besprüht man die Fläche zwischenzeitlich mit einem Blumenbestäuber. Auch Abdecken mit Wachs- oder Butterbrotpapier hat sich bewährt. Der einmal benutzte Abbeizer kann in der Regel auch ein zweites oder eventuell drittes Mal benutzt werden. Wieweit er noch Verseifungskraft besitzt, muss wiederum ausprobiert werden. Der wesentliche Vorteil ist, dass wir hier natürliche Stoffe einsetzen und auf jegliche Lösungsmittel verzichten können.

Beizen

Die Beizen stellen ein eigenes Gebiet in der Anstrichtechnik dar; wir können es hier nur streifen und eine Anregung für weitere interessante Versuche geben. Bei Beizen unterscheidet man einfache Einfärbungen des Holzes mit gelösten Farbstoffen und chemische Reaktionen, die im Holz ausgelöst werden. Letztere werden immer durch wenig appetitliche Chemikalien hervorgerufen, so dass wir diesen Aspekt ganz weglassen möchten. Das Einfärben mit Farbstoffen ist allerdings nicht allein den Teerfarbstoffen vorbehalten. Im Handel erhältliche Beizpulver täuschen oft über ihre Beschaffenheit hinweg und glänzen mit Phantasienamen. Diese beziehen sich in der Regel auf den zu erzielenden Farbton, selten auf Inhalt oder Wirkungsweise.

Naturbeizen

Es gibt eine Reihe von natürlichen Materialien, die reichlich Farbstoffe enthalten. Wer möchte, kann mit allen in der Textilfärbung eingesetzten Färbedrogen Versuche durchführen. Zum Einfärben von Holz haben sich allerdings vor allem Rindenfarbstoffe bewährt, da diese auch dauerhaft lichtecht sind. In der Regel ist die Zubereitung ein verhältnismässig zeitaufwendiger Prozess, der allerdings ohne Begleitung abläuft. Es wird eine Färbelauge angesetzt, die eine gewisse «Reifezeit» benötigt. Dann wird sie auf das unbehandelte Holz aufgetragen und zieht tief ein. Mehrmaliges Auftragen erhöht die Farbintensität, wenn nass in nass aufgetragen wird, erhöht sich ebenfalls die Eindringtiefe. Vorversuche an einer später nicht zu sehenden Stelle sind immer geraten, da die Beize auf jedem Holz einen anderen Farbton ergibt.

In Frage kommen beispielsweise die Rinden von Fichte, Kiefer, Lärche, Esche und Pappel. Ergiebiger sind gerbstoffhaltigere Hölzer wie Eiche, Walnuss oder Kastanie, auch Obstbaumrinden ergeben teilweise schöne Farbtöne. Man kann sich einen kleinen Vorrat an getrockneten Rinden anlegen, frisch ergeben sie meist kräftigere Farbtöne. Bei Walnuss oder Kastanie sind die grünen Schalen der Früchte übrigens besonders ergiebig. Beim Förster, in Gärtnereien und Obstbaubetrieben wird einem sicherlich geholfen, wenn man einen abgesägten Ast schälen möchte. Wir nennen hier als Beispiel ein Rezept, das aber durchaus abgewandelt werden kann. Der Farbton ist abhängig von Art und Menge der Rinde, von der Laugenkonzentration, von der Einweichdauer und meist auch von der Temperatur bei der Sudbereitung:

Zunächst wird eine fünfprozentige Sodalösung angesetzt. Die Rinde wird abgewogen und mit dem zehnfachen Teil der Sodalösung eingeweicht. Entweder wird der Sud mindestens eine Stunde gekocht, oder man lässt ihn längere Zeit vor sich hin gären (bis zu vier Wochen). Abseihen, und die Beize ist fertig. Für Holzimprägnierungen kann sie mit Boraxlösung gemischt werden.

Kleber, Kitte, Spachtelmassen

Da diese Werkstoffe oft von Malern eingesetzt werden gehören sie ebenfalls in ihr Arbeitsgebiet; ausserdem gibt es viele stoffliche Ähnlichkeiten. Nicht zuletzt sind konventionelle Klebstoffe meist sehr lösungsmittelhaltig, was die Suche nach natürlichen Alternativen nahelegt. Zwischen Farbbindemitteln und Klebstoffen gibt es kaum grundsätzliche Unterschiede. Hinzu kommen noch die Kitte und Spachtelmassen. Dazu einige Unterscheidungen und Definitionen:

Farbbindemittel sind Kleber, die einzig die Aufgabe haben, Pigmente untereinander und auf dem Untergrund zu fixieren. Daraus ergibt sich der Anspruch einer nicht allzu grossen, aber dauerhaften Festigkeit, der oft dadurch erreicht wird, dass die reinen Kleber verdünnt und in ihrer Konzentration herabgesetzt werden. Die inneren Spannungen des Klebers, die meist beim Trocknen auftreten, werden in der Regel über die Pigmente und Füllstoffe abgebaut, das Mischungsverhältnis ist darum von entscheidender Bedeutung für eine gute Farbbindung. Sie liegt immer zwischen den beiden Extremen des Abfärbens (zu schwacher Kleber) und des Abblätterns (zu konzentrierter Kleber). Für unterschiedliche Untergründe und Einsatzbereiche werden unterschiedliche Bindemittel eingesetzt.

Als *Kleber* werden in der Regel alle flüssigen, halbflüssigen und pastenartigen Massen bezeichnet, die zur Verbindung verschiedener Materialien benutzt werden. Kleber haben die Funktion, Verbindungen herzustellen. Meist sind es Bruchstücke, die repariert, oder Bauteile, die fest verbunden werden sollen. Darunter fällt auch die Tapete, die auf eine Wand geklebt werden soll. Hier spricht man meist von Kleister. Stärkere Kleber werden gebraucht, um Schuhsohlen zu befestigen oder sogar Metallteile miteinander zu verbinden. Es gibt unzählige spezielle Kleber für die verschiedensten Einsatzgebiete. Eine weitere Unterscheidung ist die in Kleber und Leime. Nach unserer Definition sind *Leime* Klebstoffe, die sehr dünnschichtig eingesetzt werden, wie zum Beispiel der Haut- und Knochenleim in der Tischlerei. Leime sind reine Bindemittel, die lediglich zur Verarbeitung gelöst wurden. Kleber sind in der Regel füllstoffhaltigere Materialien wie die sogenannten Baukleber. Sie können in geringem Masse als Ausgleichsmasse dienen und damit kleine Unebenheiten überbrücken.

Kitte sind den zuletzt genannten Klebern ähnlich. Eine Unterscheidung besteht darin, dass sie meist fester sind. Sie dienen vorrangig zum Verkleben von Materialien, füllen aber auch Risse, Sprünge und Löcher. So sind Porzellan-, Leder- oder Hornkitt Spezialkitte, die heute kaum noch Verwendung finden. Moderne Universalkitte sind für viele Materialien gleichzeitig geeignet, leider aber wie gesagt durch den massiven Kunststoff- und Lösungsmitteleinsatz ungesund.

Spachtelmassen schliesslich haben die geringste Klebkraft, sie sollen im wesentlichen sich selbst auf dem Untergrund halten, dabei aber so hart werden, dass sie schleifbar und auch sonst mechanisch gut zu bearbeiten sind. Sie dienen dem Verfüllen von Löchern oder Unebenheiten und sind in der Regel die Unterlage für weitere Schichten, seien es nun Kleber, Farben oder andere Baustoffe. Zu unterscheiden sind verschiedene Spachtelmassen für unterschiedliche Putzarten und sogenannte Lackspachtel, die die Flächen zum Lackieren vorbereiten.

Leime und Kleber

In der Natur wird seit Urzeiten geklebt. Der Sonnentau oder die Venusfliegenfalle produzieren einen Klebstoff, um Insekten zu fangen. Wespen verkleben ihren Bau mit Zellulose und nicht zuletzt ist die Fliege im Bernstein «festgeklebt». Die Natur hat im Laufe der Geschichte eine Vielzahl von Klebeverbindungen entwickelt, die sich völlig problemlos in den natürlichen Stoffkreislauf einbinden lassen und von deren Festigkeit die professionellen Klebstoffhersteller zum Teil nur träumen können. Klebstoff ist ein Oberbegriff für Leim, Kleber, Kleister, Klebkitt oder Bindemittel. Der Begriff Klebstoff ist nach DIN 16921 definiert als «nichtmetallischer Werkstoff, der Körper durch Oberflächenhaftung und innere Festigkeit (Adhäsion und Kohäsion) verbinden kann, ohne dass sich das Gefüge der Körper wesentlich ändert». Wir wollen uns hier auf wenige Beispiele beschränken, die im üblichen Alltagsgebrauch einen Nutzen für uns haben können. Hinzu kommen zwei alte Rezepte zum Selbermachen als Anregung für interessante Versuche.

Klebeverbindungen unterliegen ähnlichen Gesetzmässigkeiten wie Anstriche. So muss beispielsweise vor Verklebungen auf zu stark saugenden Untergründen grundiert werden. Sollen beispielsweise Linoleum oder Korkplatten auf Estrich geklebt werden, so ist es besser, den Estrich vorher mit stark verdünntem Kleber, einer Art Klebermilch, vorzustreichen. Im Zusammenhang mit Klebern wird oft von Primern gesprochen (wie auch bei Korrosionsschutzanstrichen). Die Viskosität von Klebern ist wichtig für den Klebeerfolg, weil sie für die Schichtdicke entscheidend ist. Zwei Begriffe sollen noch einmal genannt werden, da sie im Zusammenhang mit Klebern immer wieder auftauchen. Das ist zum einen die Topfzeit und zum anderen die offene Zeit. Letztere bezeichnet die Zeit, die verstreichen darf während mit dem Kleber gearbeitet wird, das heisst vom Auftragen des Klebers auf eine Fläche bis zum Anlegen oder Einbetten der zu klebenden Teile. Die Topfzeit ist grosszügiger bemessen; sie bezeichnet jene Zeit, während der ein Kleber im Gebinde noch gebrauchstauglich ist. Interessant ist dies bei Zweikomponentensystemen und Klebern, die mit Wasser oder anderen Lösungsmitteln angerührt werden. Mit Abbindezeit ist die Zeitspanne bis zum endgültigen Festwerden, bis zum Erreichen der höchsten Festigkeit, gemeint.

Tierische Leime, speziell Kaseinleime

Aus älteren Überlieferungen geht hervor, dass mit Kasein aus Milchprodukten schon lange geklebt und geleimt wird. Die ersten Sperrholzplatten waren zum Beispiel kaseinverleimte Baustoffe. Der starke Klebstoff aus der Milch wurde bis vor 80 Jahren noch zur Verleimung von Fenstern benutzt. In älteren Büchern finden sich teilweise noch Angaben über den professionellen Einsatz dieser Kleber. Sie ergeben feste Verleimungen, die schon nach wenigen Stunden weiterverarbeitet werden können. Für Fichtenholz werden dort Werte angegeben, die bereits nach 4 Stunden die gleiche Festigkeit wie das

Holz aufweisen. Ein Pressen der verleimten Hölzer ist nur in den ersten zwei Stunden nötig, danach bindet die Verleimung selbsttätig weiter ab. Für Kaseinleime gibt es sogar Holzriss- und Scherfestigkeitstabellen, sie unterliegen natürlich nicht der heutigen DIN-Normierung.

Wer mit Kaseinleim arbeiten möchte, kann diesen herstellen, wie es beim Farbbindemittel für Kaseinfarbe (Seite 30ff.) beschrieben ist. Der Alkalikaseinleim aus Magerquark und Borax hat sich für Weichholzverleimungen sehr gut bewährt. Nicht endgültig geklärt ist seine Wasserfestigkeit, wahrscheinlich ist sie vom Alter der Verleimung abhängig. Wir würden diese Art von Kaseinleim zunächst nur für Innenarbeiten empfehlen. Tierische Leime, und dazu gehört ja der Kaseinleim, werden wasserunlöslich durch einen zweiprozentigen Zusatz von Kaliumdichromat, doch hier verlassen wir den Bereich der Naturchemie.

Ein altes Rezept für Patent- oder Universalleim zum Ausprobieren:
Kasein-, Haut- oder Knochenleim wird 12 bis 16 Stunden in weichem Wasser eingeweicht. Diesen vorgequollenen Leim erwärmt man ohne Wasserzusatz in einem Wasserbad. Der Leim wird zu einer sirupartigen Masse verschmolzen. Eine Zugabe von Essigsäure verhindert das Erstarren beim Abkühlen (die Essigmenge muss getestet werden, zunächst nur einige Tropfen). Dieser Leim trocknet nach Verdunsten der Essigsäure und wird sehr fest.

Pflanzliche Leime

Als Klebstoff für Etiketten, Briefmarken oder Briefumschläge ist Gummiarabicum ausreichend. Voraussetzung ist, dass es nicht zu dünn angesetzt wird und man etwas Zeit hat, auf die Trocknung zu warten. Stärkekleber waren früher gebräuchlicher, wohl weil der Rohstoff aus Kartoffeln oder Weizen gut verfügbar war. Man unterscheidet hier native,

Gummiarabicum.

gelöste Stärken und modifizierte Stärken. Durch Synthese beispielsweise mit Harnstoff können interessante Kleber entwickelt werden. Diese Entwicklungsschiene wurde aber zugunsten der Kunststoffe verlassen. Für Selbermacher gehören Dextrin und Weizenmehl eher in den experimentellen Bereich. Es gibt aber recht gute Tapetenkleister auf der Basis von Kartoffelstärke zu kaufen. All diese Leime werden durch geringe Alaun- und Boraxzusätze von 1 oder 2 Prozent unempfindlich gegen Schimmel.

Kaseinkleber

Wir benutzen den Kaseinleim in gestreckter oder abgemagerter Form als Universalkleber. Die Klebkraft des aufgeschlossenen Kaseins ist enorm hoch und seit vielen Jahrhunderten bekannt.

Kasein-Universalkleber sind in vielen Bereichen einsetzbare Baukleber. Das Kleberpulver ohne Wasser ist sehr lange haltbar und lagerfähig und muss nur in Wasser eingerührt werden. Das Kasein wird von den Kalkhydraten aufgeschlossen. Dadurch entsteht der eigentliche Kleber, der in ungefähr einer Stunde verbraucht werden muss. Nach dem Abbinden und Trocknen ist der Kleber wieder völlig wasserfrei und bedarf somit keiner Konservierungsstoffe. Auch Lösungsmittel müssen nicht eingesetzt werden. Sollen die Verklebungen etwas elastisch gemacht werden, kann ein wenig Leinölfirnis hinzugegeben werden. Die Klebungen sind extrem dauerhaft.

Kasein-Universalkleber kann überall dort eingesetzt werden, wo er nicht andauernder Feuchtigkeit ausgesetzt ist, das heisst im gesamten inneren Baubereich, wo es darum geht, Einbaustoffe mit dem Rohbau fest zu verbinden. Ein wesentliches Einsatzgebiet sind Bodenbeläge. Es können alle Belagsarten mit griffiger Unterseite verklebt werden, wie zum Beispiel Linoleum, Kork und feuchtigkeitsunempfindliche Textilbeläge. Hinzu kommen Bodenfliesen und Parkette. Auch Bauplatten, die zusätzlich gedübelt werden, sowie Dämmstoffe und Rieselpapiere können mit solchen Kaseinklebern verklebt werden. Eine Voraussetzung sind normalsaugende Untergründe (DIN 18365) wie beispielsweise Estriche, Gipsfaser- oder Spanplatten. Die Verklebungen sind rollstuhlgeeignet, völlig lösungsmittelfrei, nicht brennbar und frostunempfindlich, also eine echte Alternative zu vielen konventionellen Bauklebern.

Kaseinkleber sollten mit Hilfe der elektrischen Bohrmaschine mit Rührquirl angerührt werden. Es entsteht ein Kleberbrei, der einige Minuten quellen muss. Der zähe Kleber wird anschliessend noch einmal durchgerührt («schlankgerührt») und ist dann fertig zur Verarbeitung. Dafür hat man eine Stunde Zeit. Wenn eine weniger hohe Klebkraft erwünscht ist, wie beispielsweise bei Bodenbelägen, die wieder entfernt werden sollen, kann der Kleber je nach gewünschter Klebkraft mit 3 bis 7 kg Quarzmehl gestreckt werden. Zur Erhöhung der Anfangsklebkraft kann dem Kleber Leinölfirnis zugesetzt werden. Hierdurch erhält die Verklebung Elastizität. In der Regel ist es zweckmässig, den Kleber mit einem Zahnspachtel aufzutragen. Die zu klebenden Teile werden dann eingebettet. Bei Fussbodenfliesen sollte man abschnittsweise vorgehen, Fugen können sofort geschlossen werden, etwaige Überstände sollten gleich mit Wasser entfernt werden.

Kitte und Spachtelmassen

Kitte und Spachtelmassen haben die Aufgabe, den Untergrund zu glätten oder zu füllen. Einige Beispiele, die im ökologischen Bauen Bedeutung erlangen könnten und die für Selbermacher interessant sind, sollen hier genannt werden.

Fenster- oder *Glaserkitt* ist traditionell ein Leinölkitt, er kann einfach selbst angerührt werden. Der Kitt besteht aus Kreide und Leinöl. Man bereitet ein Häufchen Schlämmkreide vor, das so aussieht, als würde es eher zuviel Kitt ergeben. Beim Unterkneten des Leinölfirnisses wird die Masse kompakter und zu einem kleineren, zähen Klumpen. Das Mengenverhältnis bestimmt die Konsistenz; Glaserkitt soll nicht zu weich sein, da er möglichst formstabil in die Fuge gedrückt werden soll und auf keinen Fall verlaufen darf. Die richtige Mischung stellt man nach Gefühl her, es können sowohl Kreide als auch Öl nachträglich eingeknetet werden. Fensterkitt kann man durch die Zugabe von bunten Erden einfärben. Die Lagerung des fertigen Kitts ist unter Luftabschluss möglich, sehr lange hält er sich in eine Plastiktüte eingewickelt. Die Trockenzeit ist sehr lang, es dauert viele Wochen, bis solch ein Kitt richtig hart wird. Er kann jedoch schon bald überstrichen werden, jedenfalls mit Ölfarben.

Holzkitt hat die Aufgabe, Beschädigungen des Holzes zu kaschieren beziehungsweise Schlupflöcher zu verschliessen. Meist werden kleine Risse oder Löcher zugespachtelt. Ein guter Holzkitt lässt sich aus Leinölfirnis mit etwa 30 Prozent Harzöl anrühren, dem feiner Holzstaub zugesetzt wird. Ideal ist es natürlich, wenn der Holzstaub vom gleichen Stück stammt, dann gibt es nämlich keinerlei Farbunterschiede. Wenn Holzkitte schleifbar sein sollen, kann es sinnvoll sein, einige härtere Füllstoffe wie Kreide mit einzurühren und den Harzanteil etwas zu erhöhen. Natürlich kann der Kitt auch ganz bewusst anders eingefärbt werden.

Wasserglaskitt kann zum festen Verkitten aller möglichen Werkstoffe benutzt werden. Eigenen Versuchen steht nichts im Wege, wenn man beachtet, dass Wasserglas etwas ätzend ist, und berücksichtigt, dass Wasserglas Öle und Fette verseift und damit wasserlöslich macht. Wenn dies nicht erwünscht ist, muss auf Wasserglas verzichtet werden.

Ein traditionelles Einsatzgebiet ist auch hier der Fensterbereich, nämlich überall dort, wo Scheiben in Eisenrahmen eingesetzt werden sollen. Wer einmal alte Fabrikfenster entglast hat, wird sich vielleicht erinnern, wie unglaublich fest der Kitt hier hielt. Es war wahrscheinlich ein Wasserglaskitt. Dieser geht mit dem Glas eine feste Verkieselungsverbindung ein und wird mit Quarzmehl statt mit Kreide angerührt. Somit ist auch der Kitt selbst sehr hart.

Spachtelmassen enthalten einen höheren Füllstoffanteil und sind meist sehr feinkörnig, um schöne Oberflächen zu ergeben. Nun ist es natürlich ein grosser Unterschied, was gespachtelt werden soll. Nie darf im Aussenbereich mit Gips gearbeitet werden, da dieser nicht wasserfest ist. Auf rein mineralischen Untergründen mit Quarzsandanteil können sehr gute Spachtelmassen auf Wasserglasbasis eingesetzt werden. Im Grunde sind Spachtelmassen besonders feine Putze.

Wir möchten an dieser Stelle nur ein Beispiel einer Universal-Füll- oder -Spachtelmasse auf Kaseinbasis anführen:
Man nehme einen Teil Kaseinkleber (wie bei den Kaseinfarben beschrieben, am besten Kalkkaseinkleber) und mische ihn mit 8 Teilen Quarzsand (notfalls Flusssand) und Quarzmehl, Porzellanerde oder Kreide (letztere ergeben eine feinere, geschmeidigere Konsistenz, darum nach Bedarf zugeben).

Lackspachtel sind Massen, die in der Vorbereitung von zu lackierenden Flächen eingesetzt werden. Sie sollen besonders fein sein, um später nach dem Schleifen eine schön glatte Oberfläche zu ergeben. Ausserdem ist die Feinheit wichtig, damit kleinste Risse und Löcher in alten Lackschichten oder im Holz überhaupt gefüllt werden können.

Wir wollen hier als letztes ein Beispiel für einen Lackspachtel anführen, der so oder ähnlich früher von Malern direkt zur Verarbeitung angerührt wurde. Wenn man ihn gut unter Luftabschluss verpackt, ist er begrenzt lagerfähig und kann durch Terpentinölzugaben wieder geschmeidiger gemacht werden:

Man nehme 1 Teil Dammarharz, und löse es in 1 Teil Balsamterpentinöl (das braucht etwas Zeit und geht am besten an der Wärme). Dann werden Porzellanerde und feinstes Sägemehl (z.B. Schleifstaub) untergerührt, bis die Masse pastos ist.

Kunstmassen sind das Eldorado der experimentierfreudigen Selbermacher, die völlig neue Gestaltungsmöglichkeiten im dekorativen, manchmal aber auch im konstruktiven Bereich suchen. Hier Anleitungen zu geben, würde viel zu weit führen. Es sei nur daran erinnert, dass jeweils die Verträglichkeit der zusammengefügten Bestandteile berücksichtigt werden muss, um zu brauchbaren Ergebnissen zu kommen. Gerade im Ausstellungsbereich sind Kunstmassen mit Kasein- oder Wasserglasbindemitteln von grossem Interesse, da sie nicht brennbar sind. Je nach Füllstoffen kann dieser Umstand durch Borsalzzugaben noch verbessert werden. Die Bewehrung oder Armierung der angerührten Massen ist ein weiterer wichtiger Gesichtspunkt, der in der Kombination mit den Bindemitteln zu höchst interessanten Erfindungen führt. Ob Textilien, Papier oder unbearbeitete Naturmaterialien wie Tannennadeln oder Tierhaare, immer gibt es Überraschungen und verblüffende Gestaltungsmöglichkeiten.

Farben – mehr als ein Werkstoff

Erfahrungen im Umgang mit Naturfarben

In den bisherigen Kapiteln haben wir uns vor allem mit dem Werkstoff Farbe und seiner materiellen Seite beschäftigt. Doch das ist nicht alles. Wir wollen an dieser Stelle nicht mit Goethes Farbenlehre beginnen, um optische Qualitäten zu thematisieren. Es sei nur erwähnt, dass auch diese Seite der Baumalerei durchaus nichts Neues ist. Neben der Anstrichtechnik gibt es noch viele weitere Aspekte der Farben, die Auswirkungen auf das Lebensgefühl der Menschen haben. Wer gleich über Krankheit oder Gesundheit redet, befindet sich an den Grenzen dieses Feldes. Von beruhigenden oder anregenden Wirkungen einer Farbe zu sprechen ist jedoch ein naheliegender Einstieg.

Im folgenden schildert Carlo Vagnières, ein Naturfarbenmaler aus der Schweiz, mit dem wir schon lange zusammenarbeiten, seine Erfahrungen aus der langjährigen Arbeit mit ökologisch sinnvollen Farben. Er baute die Firma «natürlich renovieren» auf

«The Earth Color Circle»
sowie Malen mit selbst-
hergestellten und
mit Pflanzenkreiden: eine
Entdeckungsreise.

und hat eine Farbenphilosophie entwickelt, die den Lebensraum der Menschen als natürliches Ganzes sieht und immer die Gesundheit in den Mittelpunkt stellt.

In den letzten Jahren hat sich bei «natürlich renovieren» einiges gewandelt und verändert. Wir stellen heute 80 Prozent der von uns verarbeiteten Farben selber her, wobei wir vorrangig natürliche, praktisch überall zugängliche Rohstoffe wie zum Beispiel Quark und Kreide verwenden. Bei diesem wichtigen Schritt, unsere längst gehegten Visionen umzusetzen, hat uns Gerd Ziesemann mit seiner grossen Erfahrung sehr geholfen. Heute wenden sich täglich viele Menschen an uns. Dadurch werden wir zu einer Art öffentlicher Drehscheibe, zu einem Forum. Ich habe dabei den Eindruck gewonnen, dass viele ihren Lebensraum wieder in ein natürliches Ganzes, in die Abläufe der Natur einfügen wollen. Farbe und natürliche Materialien sind dabei ein wichtiger und häufig vernachlässigter Aspekt, und farbliches Gestalten verdient unsere Aufmerksamkeit und Zuwendung.

Von Monochromie und Monotonie

Mit den modernen Pigmenten der Petrochemie lassen sich frequenzgenaue Farben ohne Unter- und Obertöne herstellen. Doch die Natur kennt weder monochrome Farben noch monotone Oberflächenstrukturen. Ähnlich dem Klang einer Geige, welche im Gegensatz zum Synthesizer Ober- und Untertöne mitschwingen lässt, sind auch die Farben der Natur immer von grosser sinnlicher Vielfalt. Monochrome Farben tauchen meistens im Zusammenhang mit aggressiven Nachrichten auf – Vorsicht! Gefahr! – und sehr oft auch in der Werbung. Der Reiz liegt im Ausgrenzen der anderen Farben. In der Natur ist das genau umgekehrt, der Reiz der polychromen Naturfarben liegt in ihrer Unendlichkeit. Alles lässt sich scheinbar mit allem verbinden, und das Bild scheint uns immer irgendwie harmonisch. Die meisten Menschen sind jedoch mit den Teerfarben als Erfahrungshintergrund gross geworden. Sie haben damit in Schule und Freizeit Bilder gemalt und Wände gestrichen und die aggressiven Botschaften aus Zeitschriften, Werbeprospekten und von Wänden empfangen. Erdpigmente und Pflanzenfarben ergeben dagegen immer ein harmonisches, unaufdringliches Erscheinungsbild. Denken wir nur an die wunderschönen Muster und Motive afrikanischer Lehmbauten, bei denen die warmtönigen Erdpigmente mit den Händen auf Innenwände und Fassaden aufgetragen werden und die innerster Ausdruck der Lebenswelt der Bewohner sind. Die schrillen Farben hat nach kurzem Umdenken noch niemand vermisst.

Der Umgang mit Naturfarben

Bei den Kriterien, an die wir uns bei der Auswahl der Farben in unserer langen Praxis gehalten haben, stand die Gesundheit der Menschen immer im Vordergrund. Alle anderen – auch die bau- und anstrichtechnischen Bedingungen – waren zwar stets aus handwerklicher Sicht wichtig, aber nie wichtiger. Daraus hat sich eine richtige kleine Entdeckungsreise durch alle möglichen und gelegentlich auch unmöglichen Maltechniken ergeben. All die Hindernisse, die es zu meistern gab und noch immer gibt, haben unseren Beruf zu einer spannenden Herausforderung gemacht, an der auch immer unsere Kunden teilhatten. Zunächst war da ein gewaltiges Potential an alten Maltechniken aus Büchern aufzuarbeiten. Die Kaseinmalerei ist immerhin mehrere tausend Jahre alt, womit auch gleich klar wird, dass unsere Naturfarben auf wirklicher Langzeiterfahrung basieren. Das kann von den industriell hergestellten modernen Farben, die ständigen Modifikationen unterworfen sind, nicht behauptet werden. Die Skepsis gegen Naturfarben und ihre Anwendungssicherheit ist aus dieser Sicht kaum verständlich. Allerdings mussten wir bald feststellen, dass man mit Bücherwissen allein nicht weit kommt. Die meisten alten Rezepturen sind vage, die genauen

Angaben fehlen oft. Die Alten vermittelten ihr Wissen und Können mündlich und gaben es an ausgewählte Personen weiter. Es war nicht üblich, seine Kunst – und das war die Malerei – ohne weiteres preiszugeben. Aber genau diese Meister fehlen uns heute in allen Bereichen des Handwerks. Sie sind von der Welle der industriellen Farbenherstellung förmlich weggespült worden.

Das Verblüffende an unserer ausgedehnten Entdeckungsreise war, dass mit konsequent natürlichen Mitteln all unseren Anliegen und auch denen der Kunden am besten entsprochen werden konnte. Die optische Qualität, welche sich vor unseren Augen entfaltete, war verblüffend, einfach und überzeugend. Die gestalterischen Möglichkeiten sind so vielfältig und variantenreich, dass uns die konventionelle Malerei heute uniform und langweilig vorkommen muss. Natürliche Farbgebungen sind immer von ganzheitlicher Qualität.

Zu den Höhepunkten unserer Arbeit gehört, mit Kunden ein Farbkonzept zu entwickeln. Ein solches entsteht nicht einfach auf dem Papier, sondern als fortlaufender Prozess. Wir entwickeln gemeinsam ein Gespür für die subtile Sprache von Mensch, Raum und Energie. Farben können einer eher statischen Architektur Leben einhauchen, sie können mit Formen spielen oder Formen überspielen, sie können Räumen Form geben. Wir schälen im Prozess der Farb- und Materialfindung sozusagen die Bedürfnisse heraus, bis diese ganz klar im Raum stehen. Das geschieht durch das Anbringen von Mustern, das gemeinsame Mischen und Betrachten. Farben können uns stimmen oder verstimmen – wir können hier bewusst ansetzen, indem wir unsere Räume mit Farben und Materialien harmonisieren. Wir brauchen Farben in unserem Lebensraum, aber es sollten Naturfarben sein. Farbe sollte immer dort zum Einsatz kommen, wo sie als gestalterisches Mittel erwünscht ist – abgesehen von den Fällen, wo der Materialschutz im Vordergrund stehen muss –, ansonsten sind natürliche Oberflächen wie Holz, Lehm, Stein usw. anzustreben, wobei monotone Gestaltungen zu vermeiden sind. Um die Vielfalt der Möglichkeiten aufzuzeigen, haben wir mit Erd- und Pflanzenfarben und natürlichen Bindemitteln wie Leinöl, Quark, Lehm und Naturharz eine Musterserie geschaffen, die nicht nur Variationsmöglichkeiten mit Farben, sondern auch mit unterschiedlich strukturierten Untergründen aufzeigt.

Es gilt also, Naturfarben zu erleben und einen neuen Zugang zur Farbe zu finden. Diese Sensibilisierung ist wichtig. Pflanzenfarben, die lasierend und transparent sind, erleben wir als leicht, dynamisch, als sehr lebendig. Wenn wir mit ihnen malen, geschieht etwas mit uns. Die Farben bewirken eine Öffnung, schaffen Weite und lassen Räume und Wände durchscheinend-transparent werden. Die Farben der Erde wie Englischrot, Ocker oder Terra di Siena hingegen geben uns Umhüllung und schaffen Wärme und Geborgenheit. Aber auch jedes Material prägt mit seiner Eigenart einen Raum. Es ist ein grosser Unterschied, ob wir Kalk oder eine Kaseinfarbe aufbringen. Grundsätzlich geht es darum, dass wir hören und spüren lernen, was uns der zu renovierende Raum sagt und wo unsere Bedürfnisse liegen. Ob Sie Kobaltblau als Farbe an die Wände streichen oder Ultramarin, gibt dem Raum nicht nur ein ganz anderes Aussehen, sondern verändert ihn in seiner Schwingungsqualität und damit in seiner Wirkung auf den Menschen grundlegend. Ein guter Gestalter sollte die Materialien wie die Farbe sensitiv einsetzen. Das bedeutet allerdings, dass er sie in ihrer Wirkung kennt und über intuitive Fähigkeiten verfügt.

Die Verarbeitung

Beim Verarbeiten von Farbe geht es auch um Rhythmus und Fluss. Es geht darum, locker und ohne Anstrengung zu arbeiten und unsere Energie in den Raum einfliessen zu lassen. Das Malen mit der Bürste ermöglicht eine viel anatomischere Arbeitsweise als mit dem üblichen Roller. Die Bewegungen sind fliessender. Manchmal bücken wir uns zu Boden – ganz tief, dann streckt sich der Körper, um kleine Flecken am Deckenanstoss zu erreichen. Wir sind ganz versunken in die Bewegungen, die unser Körper mit Freude ausführt. Freude, weil er gebraucht wird. Geniessen wir den Zug, der dabei entsteht: er hat etwas mit Grosszügigkeit zu tun. Die Bürste selber fasst die Farbe, die Farbe fliesst in die Wand ein. Die Haare und Borsten erinnern gelegentlich an verlängerte Nervenenden, welche unseren Energiestrom weiterleiten. Auch fühlen wir umgekehrt jede Strukturveränderung in der Wand. So sind wir ganz da, ganz bei der Sache, ganz bei uns.

Meine Vision ist, dass wir alles, was wir beginnen, mit Freude und Engagement zu Ende führen. Stellen Sie sich vor, die Menschen beginnen ab heute nur noch zu bauen, was ihnen auch wirklich gefällt. Aus einer solchen Geisteshaltung heraus entstehen ganz neue Räume. Die Werke von Gaudí und Fathi weisen in diese Richtung. Da gibt es dann so etwas wie eine direkte Umsetzung von Lebensfreude. Apropos Lebensfreude: Hier finden wir meines Erachtens unseren Raum, den Raum der richtig verstandenen Baubiologie. Je natürlicher wir arbeiten, um so selbstverständlicher wird dieser Raum. Wenn wir nun aber natürliches Bauen auf die Auswahl der Baustoffe reduzieren, schliessen wir die Sache kurz und verlieren den Raum. Es liegt andererseits in der Natur der Sache, dass die Auswahl der Materialien allein schon gestalterische Arbeit bedeutet. Hier schliesst sich der Kreis eines ganzheitlichen Bauens.

Bei uns hat sich der Maler, der früher immer den Künstler miteinschloss, immer mehr zum Anstreicher ausgegrenzt, während das Italienische und Französische immer noch die Begriffe «articiano» und «artisan» kennen. Unsere Kunst besteht darin, wieder zu einer natürlichen Lebens- und Arbeitsweise zu finden. Das Arbeiten mit natürlichen Materialien ist ein spannender Prozess, der auf vielen Ebenen positive Kräfte für unsere Zukunft freisetzt.

Soweit Carlo Vagnières' Schilderungen seiner Arbeit. Wir sehen hier, wie sich aus dem Umgang mit Naturfarben behutsam wieder eine Handwerkskunst mit einem eigenen Berufsethos entwickeln kann. Der weitblickende Umgang mit Farben muss nicht gleich eine Lebensphilosophie werden, doch er ermöglicht ein Stück Lebensqualität für alle Beteiligten. Hier, wo viele Aspekte des täglichen Lebens verschmelzen, wird eine neue Haltung etabliert, wer einmal mit Naturfarben gearbeitet hat, wird kaum in den Baumarkt zurückkehren. Auch wir kennen den kontemplativen Aspekt des Malens, des Versinkens im eigenen Werk. Der Maler, und hier ist es gleichgültig ob Profi oder Selbermacher, sollte am Ende seines Tagewerks zufrieden auf seine Arbeit blicken. Dann werden auch die späteren Bewohner den Raum so erleben, dass sie gut in ihm leben können.

Seminare für Selbermacher

Wir haben uns von Anfang an damit beschäftigt, neben der Herstellung von Naturfarben auch die Verbreitung und Wiederbelebung des alten Handwerkswissens zu betreiben. Es ist zwar schon viel gewonnen, wenn überhaupt ökologisch vernünftige Anstrichmittel auf dem Markt sind, doch die Anwender sollten auch den Gesamtzusammenhang kennen. Ob es um Wissen zur Anstrichtechnik, um Rohstoffkunde und Rezepturen oder um gestalterische Aspekte geht, der Einsatz von Farben ist am zuträglichsten für den Menschen, wenn auch hier ganzheitlich gearbeitet wird. Erst hier entstehen ein tieferes Verständnis und Freude an der Materie.

Unsere Seminare sind darum auch immer Praxisseminare. Sicher geht es darum, Wissen zu vermitteln, aber es geht zugleich auch darum, die Scheu vor einem Gebiet abzubauen, das uns weitgehend entfremdet ist. Die Farbe mit der Hand umzurühren ist ungewohnt, und es war in der Tat bei Chemiefarben auch oft alles andere als ratsam. Auch Naturfar-

Beispiel eines Hauses vor und nach der Renovation mit natürlichen Farben und Putzen.

ben sind weit davon entfernt, Lebensmittel zu sein, aber mit dem nötigen Sachverstand kann man ihnen ohne Gefahr wieder näherkommen. Viele Techniken wie das Wickeln lassen sich beispielsweise am besten mit der Hand ausführen. Nur wer mit dem Werkstoff vertraut ist, kann seine ökologischen Qualitäten voll ausnutzen, zum Beispiel eine diffusionsdichte Farbe an der richtigen Stelle einsetzen. Die baubiologischen Zusammenhänge sind für einen gesunden Einsatz wichtig, die Rohstoffkunde für die richtige Entsorgung der Reste und Altanstriche, so dass man beispielsweise weiss, welche Farben auf den Komposthaufen dürfen und welche nicht. Das gestalterische Wissen mit seiner Entfaltung einer bestimmten Sensitivität, und dazu gehört wohl einige Erfahrung in der Praxis, ist schliesslich bedeutend für das Wohlbefinden und die Zufriedenheit.

Die Farbenseminare sind meist so aufgebaut, dass Menschen mit unterschiedlichem Erfahrungshintergrund zusammenkommen. Sicherlich wird vorher abgeklärt, ob das Thema von allen gewünscht ist – so kann der Schwerpunkt mehr auf Wandfarben oder auf Ölfarben liegen. Hin und wieder geht es auch fast nur um das Kinderprogramm. Immer befruchten sich die unterschiedlichen Erfahrungen gegenseitig, so kann ein Maler oft gute Tips aus seiner Praxis beisteuern, die Architekten wissen meist Details aus den baurechtlichen Einsatzmöglichkeiten von Anstrichmitteln, und Designer wie Künstler liefern oft Ideen von unschätzbarem Wert. Doch selbst der völlig unverbildete Neueinsteiger kann gelegentlich durch Unvoreingenommenheit zu bestechenden Versuchen Anlass geben. Wir versuchen im Seminar, soweit das möglich ist, alle Ideen umzusetzen. Die Veranstaltung ist somit in gewisser Weise ein Einstieg für alle, die neugierig auf Buntes sind. Für manche ist es der Zugang zu einem neuen Themenkreis, für viele hat es einen konkret-praktischen Hintergrund, nämlich, das Schicksal ihrer Wohnung oder ihrer Baustelle in die eigene Hand zu nehmen oder wenigstens unter Kontrolle zu behalten.

Entsprechend versammeln wir uns selten in Klassenzimmern oder Seminarräumen, sondern auf Baustellen, in Werkstätten, Galerien oder auch gern einmal auf einem Bauernhof. Es gibt nichts, was mehr inspiriert als unfertige Wände oder Flächen, die für die unmittelbare Bearbeitung zur Verfügung stehen. Jeder kann hier Pigmente, Bindemittel und Rührstab in die Hand nehmen und die fertige Farbe auf unterschiedlichen Untergründen zum Einsatz bringen. Gerade diese Anwendung ist spannend, und wer mag, kann eigene Versuchsreihen mit variierenden Bindemittelanteilen oder ähnliches ausprobieren. Gerade wenn nicht nur an einem Tag, sondern an einem Wochenende gearbeitet wird, hat man gute Möglichkeiten, auch Trockenzeiten und Abbindeergebnisse zu beobachten.

Meist handelt es sich um grosse Farbenworkshops mit zahlreichen Vortragseinlagen zur Information über die Hintergründe. Es geht nicht ohne Theorie, aber die Praxis und das eigene Tun nehmen die Scheu und wecken die Lust. Die Rohstoffe in ihrem unverarbeiteten Zustand in die Hand zu bekommen, sie zu befühlen und daran zu schnuppern, übt einen grossen Reiz aus, auch etwas daraus zu machen. Der Vergleich zum Kochen und Backen kommt immer wieder auf, und gerade der grosszügige Umgang mit Einzelbestandteilen erlaubt interessante Erfahrungen. Das Anrühren von Farben kann eine sehr befriedigende Tätigkeit sein, vielleicht vergleichbar mit dem schöpferischen Gestalten im Kunsthandwerk. So wie ein Ei mehr oder weniger den Sonntagskuchen nicht verdirbt, kommt es in der Regel auch nicht auf ein oder zwei Prozente Bindemittel oder Pigment an. Wichtig ist vielmehr, dass die Zusammenhänge verstanden werden.

An einem Abend, an einem Wochenende oder im Laufe einer Woche ist es natürlich nicht möglich, eine Malerausbildung durchzuführen. Wie auch immer sich der Beruf des Stubenmalers zum Anstreicher entwickelt haben mag, es bleibt ein weites Feld von Wissen und Können. Dieses Buch hat ja bereits anschaulich gemacht, wie viele Aspekte es zu berücksichtigen gilt, und jeder einzelne davon kann für Spezialisten ein eigenes Arbeitsgebiet darstellen. Aber darum geht es in den Farbenseminaren ja auch gar nicht. Über die Grundlagen der Farbenherstellung werden die Interessenten an die Materie herangeführt, und sie erhalten eine solide Grundlage mit Kenntnissen, die sowohl eine kritische Bewertung von Herstellerangerboten im Farbenbereich ermöglichen als auch in die Lage versetzen, das sinnvollste Anstrichmittel für den jeweiligen Anwendungsfall auszuwählen. Solch ein Seminar kann der Beginn des Umdenkens, der Beginn einer neuen ökologischeren Denkweise und Handlungsstrategie sein.

Oft entstehen Diskussionen über die ökologische Sinnhaftigkeit der einzelnen Farbbestandteile. Die abschliessende Beurteilung ist nicht immer ganz einfach, denn angefangen beim Landschaftsverbrauch über den Technik- und Energieeinsatz bei Gewinnung und Aufbereitung der Rohstoffe, den Transport zum Einsatz- oder Verarbeitungsort, über Aspekte der Toxikologie bis hin zu der ganzen Problematik von Resten und Altanstrichen handelt es sich um ein extrem komplexes Unterfangen. Doch nur so gelangt man auf den Weg zu einer ganzheitlichen und damit auch ökologisch vernünftigen Betrachtungsweise. Auch der Begriff der Qualität kann jetzt diskutiert werden. Die Massstäbe sind nicht naturgegeben. Konventionelle Anstrichmittel haben als Maxime, möglichst bequem und universell einsetzbar zu sein. Dies kann jedoch nicht unser Hauptziel sein, denn es erfordert zu viele Zugeständnisse an die innere und bauphysikalische Qualität einer Farbe. Warum muss eine Farbe im Eimer oder Topf zum Beispiel möglichst lange haltbar sein? Dies bedeutet immer einen massiven Einsatz von Konservierungsstoffen; der Aufwand des Anrührens vor Ort ist dagegen gering. Auch dass ein Anstrichmittel nicht für jeden Untergrund geeignet ist, muss überhaupt kein Mangel sein! Der Universalüberzug wurde schliesslich nur möglich, indem sogenannte Beschichtungsmittel entwickelt wurden; in der Begrifflichkeit steckt bereits ein Hinweis, dass hier keine Beziehung zwischen Farbe und Untergrund mehr besteht. Es ist einer Plastikplane, gleichgültig ob sie über einen Ziegelstein, einen Lehmputz oder eine PVC-Platte gezogen wird. Dieser Zusammenhang ist für uns aber von immenser Bedeutung. Wozu geben wir uns schliesslich die Mühe eines ganzheitlichen bau-organischen Denkens, wenn wir am Ende unkritisch einen Überzug aufbringen?

Gelegentlich hört man die Meinung, die Arbeit mit Naturfarben, und ganz besonders das eigenständige Anmischen, sei umständlich und zeitaufwendig. Das muss aber gar nicht stimmen, schon gar nicht, wenn man mit Schwung und Selbstbewusstsein an die Sache herangeht. Genau dieser Schwung wurde mit den Fertigfarben der Industrie zerstört, und es gehören einige Voraussetzungen zum Neuanfang, diese soll das Farbenseminar liefern. Wer die Funktionen und den Sinnzusammenhang der einzelnen Farbenbestandteile kennt, kann schnell und ohne übertriebene Genauigkeit handeln. Im Rahmen des Seminars darf probiert und experimentiert werden, Misserfolge sind nicht unangenehm, sondern lehrreich. Wer es einmal geschafft hat, einige Quadratzentimeter oder auch -meter gut zu bemalen, den reizt es meistens, diese Erfahrung auf grössere Flächen umzusetzen.

Hinzu kommt noch ein ganz anderer Aspekt, der wesentliche ökologische Vorteile der Naturfarben unterstreicht. Nicht nur viele Problemstoffe können aus dem Anstrichmittel herausgenommen werden, sondern es gibt praktisch keine Farbreste mehr. Mit etwas Übung wird es nämlich möglich, den Bedarf recht genau vorauszuberechnen und die gewünschte Farbmenge anzurühren. Wenn trotzdem etwas Farbe übrigbleibt, ist diese entweder nicht lagerfähig, dafür aber kompostierbar, oder sie ist lagerfähig und somit weiterzuverarbeiten. Fallen beispielsweise Ölfarbreste an, so können diese aufbewahrt werden, um später in einer anderen Ölfarbe verarbeitet zu werden. Natürlich kann ich aus braun oder blau kaum weiss machen, aber für den Anstrich des Gartenzauns oder eines Fahrrades sind meist noch Variationsmöglichkeiten in der Farbwahl gegeben.

Spielen und Basteln mit Naturfarben

Ein anderer schöner Gesichtspunkt der Farbenseminare ist die Arbeit mit Kindern oder indirekt mit Erziehern. Immer wieder stellen wir fest, dass Kinder viel unbefangener in die Farbenherstellung einsteigen. Gerade hierin liegt eine grosse Chance, kreative Kompetenzen zu wecken und zu entwickeln. Die Natur bot schon immer vielfältige Möglichkeiten der Auseinandersetzung und Gestaltung. Es finden sich unzählige Materialien, die ungefährlich, sehr interessant und zunächst spielerisch eingesetzt werden können.

Die Materialfülle der einschlägigen Läden regt die Phantasie der Kinder weniger an, als dass sie sie überflüssig macht und in den Hintergrund drängt. Immer wieder gibt es skandalträchtige Spielmaterialien, die geeignet sind, die Hersteller reich und Kinder krank zu machen. Ob Lösungsmittel aus Klebern, PVC in Modelliermassen oder giftige Pigmente – es finden sich zu oft krankmachende Stoffe im Kinderspielzeug. (Gar nicht erwähnen wollen wir die Flut sinnlosen Spielzeugs, das mehr dazu angetan ist, unsere Mülldeponien wachsen zu lassen.) Dabei kann es so einfach sein, mit wenigen Materialien aus der Natur ein breites Spektrum an Spielmöglichkeiten abzudecken. Dass sich aus dem spielerischen Element der kleinen Kinder das Werken der grösseren ableitet, braucht nicht weiter erklärt zu werden. Und weiter liegt es eigentlich auf der

Hand, dass derjenige, der im Umgang mit Naturmaterialien geübt ist, später auch sein Augenmerk auf ökologisches Bauen richten wird. Die Beziehung zur Natur ist ein Grundbaustein jeden Umweltschutzdenkens.

Als erster Schritt kann in der unmittelbaren Umgebung nach Werkstoffen gesucht werden. So ist der Mehlkleister zum Basteln auch heute noch von gewissem Wert. Zur Herstellung von Pappmaché beispielsweise ist Kartoffelstärke ausgezeichnet geeignet. Wer sie nicht fertig kaufen will, kann sie sogar selbst herstellen. Wem das nicht mehr ausreicht, der möge nach einem Kirschbaum Ausschau halten und dort etwas Kirschgummi sammeln. Wir haben damit, in Wasser gelöst, einen guten Papierkleber. Dieser zieht freilich nicht sehr schnell an, sondern braucht eine gewisse Trockenzeit, aber Langsamkeit ist nicht grundsätzlich ein Makel! Für dauerhafte und feste Verleimungen kann auch ein Kaseinkleber hergestellt werden, wie das im Buch ausführlich dargestellt wurde.

All diese Kleber können ausser zum Kleben auch als Farbbindemittel eingesetzt werden. Das Kirschgummi beispielsweise ist ein klassisches Aquarellbindemittel, mit dem schon berühmte Gemälde geschaffen wurden. Wenn man zusammen mit den Kindern eine bunte Erde dazu sucht oder eventuell von einem alten Ziegelstein etwas Gesteinsmehl abreibt, kann man Naturfarbe völlig unabhängig selber herstellen. Kinder haben noch keine Scheu vor nassen, klebrigen und matschigen Naturmaterialien. Im Gegenteil, es ist eine Freude zu sehen, wie kreativ mit Farben und Massen umgegangen wird, dass zuvor ein geeigneter Rahmen geschaffen werden sollte, versteht sich. Gerade von Lehmbauern wissen wir, dass Kinder mit Hingabe Lehm formen und kleine Häuser oder Lehmöfen bauen.

Wir meinen, dass neben dem Vergnügen auch ein hoher pädagogischer Wert in dieser Arbeit und Auseinandersetzung liegt. Wenn die Phantasie geweckt ist und sich aus den Kompetenzen Fertigkeiten entwickeln, führt dies automatisch auf eine «höhere» Ebene. Der Umgang mit selbstgefundenen Materialien, ja eventuell mit selbst erfundenen Rezepturen, führt zu Selbständigkeit. Diese bedeutet Unabhängigkeit von anonymen Märkten und ist eine gute Voraussetzung für gleichberechtigte Zusammenarbeit. Gerade im Umgang mit Naturfarben ist nämlich die Zusammenarbeit oft von Bedeutung, denken wir nur an das Zusammenwirken der Maler zur Herstellung einer grossen Kalkfreskofassade. Nicht zuletzt entsteht hier der Sinn für das Einfache und Unkomplizierte, für die Arbeit mit und nicht gegen die Natur. Ohne Aufwand und Geld kann aus den Ressourcen geschöpft werden, ohne die Naturkreisläufe zu stören. Die zarten und harmonischen Töne der Naturfarben dürften darüber hinaus grossen Wert für die Geschmacksbildung haben.

Nicht alle Materialien lassen sich überall finden, aber wer einmal braune Erde gesammelt hat, kann sich unter gelber oder roter Erde gleichfalls etwas vorstellen. Vielleicht kann einmal ein Tütchen aus dem Urlaub mitgebracht werden. Harze und Gummen lassen sich ebenfalls überall finden; wenn man später für die praktische Anwendung welche einkauft, besteht bereits ein anderer Bezug zu diesem Material. Zu wissen, mit welchen Stoffen aus welchen Quellen ich arbeite, ist prägend für den Umgang mit ebendiesen Materialien. Wir möchten hier abschliessend noch drei Rezepte nennen, die auf besonders einfache Rohstoffe zurückgreifen und problemlos mit Kindern umgesetzt werden können. Auf Kindergeburtstagen und im Projektunterricht haben sie sich bewährt.

Malfarben

Zum Malen von Bildern oder zum Bemalen von Wänden eignen sich Leimfarben, Gummifarben oder Temperafarben. Es kann gut ein grosser Bindemittelansatz hergestellt werden, der dann aufgeteilt und zur Herstellung unterschiedlicher bunter Farben benutzt wird. Tempera- oder Plakafarbe wird durch eine Ölzugabe relativ wasserfest und kann auch zur Herstellung von Plakaten benutzt werden. Sie haftet auf fast allen Untergründen und ist überstreichbar. In diesem Fall kann ein trocknendes Speiseöl (Sonnenblumen- oder Leinöl) benutzt werden. Eingefärbt wird auch hier mit bunten Erden. Werkzeuge und Finger können mit Seifenwasser gereinigt werden. Die angerührte Farbe ist nur begrenzt lagerfähig, da wir ja bewusst auf Biozide verzichten. Am besten ist es, sich nur den Tagesbedarf anzurühren.

Benötigt werden zunächst 500 g Magerquark 20 g Borax werden in heissem Wasser gelöst und unter den Quark gerührt. Diese Mischung muss nun eine halbe Stunde ruhen, um zu reifen (Kaseinaufschluss). Währenddessen werden bunte Erden mit wenig Wasser zu einer Paste verrührt. Schliesslich wird in das Quark-Borax-Wasser-Gemisch Öl eingerührt (und zwar wie in der Mayonnaiseherstellung erst tröpfchenweise, dann schwungvoller, 20 bis 100 ml Farbbrei und Kaseinkleber werden gemischt und eventuell mit Wasser verdünnt. Die Farbe darf auch mit den Fingern vermalt werden, sie ist mit Wasser abwaschbar.

Modelliermassen

Knetwachse lassen sich selbst herstellen, indem geschmolzenes Bienenwachs mit einem Weichmacher wie Vaseline vermischt und Kartoffelstärke als massegebender Füllstoff eingearbeitet wird. Das Schmelzen von Wachsen ist allerdings nicht ganz ungefährlich, dies gerade wenn man mit kleineren Kindern arbeitet. Hier empfiehlt sich eher eine Art «bunter Pizzateig».

Knete zum Selbermachen ist ein Salzteig. Wie in der Teigherstellung wird mit Mehl, Öl, Wasser und Kochsalz und zusätzlich noch Weinsäure (oder Zitronensäure) gearbeitet. Das Einfärben kann wieder mit bunten Erden erfolgen. Diese Knete trocknet allerdings aus. Eine Aufbewahrung in Gläsern oder Plastikdosen verhindert das erfolgreich, und nach unserer Erfahrung kann die Knete ein halbes Jahr lang benutzt werden. Sollte sie einmal etwas krümelig werden, kann problemlos Wasser eingeknetet werden. Nach einem kurzen Moment des Klebrigwerdens erhält die Masse wieder eine gute Konsistenz. Durch Trocknen erhält man Figuren, die unbegrenzt haltbar sind und auch bemalt werden können.

Man nehme 400 g Weizenmehl (Type 405), gebe 130 g Kochsalz hinzu, mische 40 g (etwa 2 Esslöffel) Weinsäure (als Treibmittel) ein und rühre etwa 20 g bunte Erde hinzu. In 400 ml kochendes Wasser werden nun 3 Esslöffel Speiseöl eingerührt und das Ganze zu einem Brei verrührt (Vorsicht heiss).

Malkreiden

Auch Kreiden für die Strasse oder die Schultafel können einfach selbst hergestellt werden. Kreide allein enthält kein Bindemittel, kann also zwar zu einem schönen Brei angerührt werden, zerfällt beim Trocknen aber sofort wieder zu einem Pulver. Gips hingegen bindet ab und wird recht hart. Es liegt also nahe, zu Malzwecken eine Mischung aus Kreide und Gips herzustellen, um eine stabile und gut abreibende Malkreide zu erhalten. Mit bunten Erden und ausgewählten Mineralpigmenten lassen sich schöne bunte Kreidestifte herstellen.

Kreide ist ein recht gut zu erlangender Rohstoff. Als Gips sollte nur Naturgips benutzt werden, der nicht aus Rauchgasentschwefelungsanlagen stammt. Bunte Erden könnten im Idealfall in der Natur gefunden werden oder sind günstig zu erstehen. Um die angerührte Kreide in bestimmte Formen zu bringen, müssen zuerst Giessformen vorbereitet werden. Im einfachsten Fall können das Papierröllchen von der geplanten Dicke sein. Jede andere Form, die nicht zu starr ist, kann ebenfalls benutzt werden, völlig starre Formen sind allerdings ungeeignet, da sich Gips beim Abbinden ausdehnt und dann die Form nicht mehr verlassen kann.

Man mische gereinigte Kreide und natürlichen Gips zu gleichen Teilen. Soll die Kreide bunt werden, müssen nun die bunten Pigmente eingerührt werden. Mit Wasser wird das Ganze zu einem dicken Brei angerührt und dann zum Abbinden in vorbereitete Formen gegeben. Nach einer Wartezeit von einer Stunde ist die Malkreide gebrauchsfertig. Erst nach der Trocknung zeigen sich der bleibende Farbton (Aufhellung) und die Festigkeit.
So richtig spannend wird die Sache erst durch Experimentieren. Es kann zum Beispiel statt Gips auch eine Ei- oder Kaseintempera (Seite 34) oder sogar ein kalkhaltiger Lehm oder Ton verarbeitet werden. Durch Zusatz von etwas Leinöl entsteht eine Fettkreide.

Der Erdfarbenkreis – eine Entdeckungsreise

Das Herstellen unserer eigenen Farben mit dem Erdfarbenkreis ist eine Entdeckungsreise durch die vielfältigen Möglichkeiten der Farbenwelt, weitab von der schnellebigen Konsummentalität. Der «Earth Color Circle» bietet einen Einstieg in die erweiterte sinnliche Erfahrung mit Farben und erlaubt uns, mit selbsthergestellten Produkten die Farbwahrnehmung zu schulen. Die schönen Farbtöne aus dem Erdreich sprechen unsere innere Natur an und führen so zu einem neuen Farberlebnis. Sie lehren, wie über Jahrhunderte hinweg in alter Tradition Farben hergestellt wurden, bevor die chemische Industrie die synthetischen Farben auf den Markt brachte.

Ob Chemie oder Natur: Jede Farbe besteht aus einem Pigment- und einem Binderteil. Der Teil, der unsere Farbe farbig oder weiss macht, ist der Pigmentteil. Der Teil, durch den das Farbpulver auf dem Untergrund haftet und der die Pulverteile untereinander verklebt, ist der Binderteil. Dabei unterscheiden wir zwischen öligen und wässrigen Bindemitteln. Der Malkasten «The Earth Color Circle» enthält die wichtigsten Rohstoffe für lustvolle Experimentierfreuden; sie werden ergänzt durch jene, die im Haushalt ohnehin vorhanden sind:

Wässrige Bindemittel: Gummiarabicum, Tragantgummi, feines Kaseinpulver. Ölige Bindemittel: Lackleinöl, Leinölfirnis, Holzölstandöl, Leinölstandöl. Harzige Bindemittel: Kolophoniumglyzerinester, in Terpentin gelöst, Dammar, in Terpentin gelöst. Dazu Borax zum Aufschliessen, Balsamterpentin als Verdünner, Porzellanerde als Zuschlagstoff und nicht zuletzt 15 Farbpigmente.

Die in den Rezepten gemachten Angaben sind als Anhaltspunkte für eine Entdeckungsreise zu verstehen. In älteren Rezepten beispielsweise für Gouachefarben war es ohnehin üblich, die Vorgehensweise aufzuzeigen, aber keine Mengenangaben zu machen. Gouache sind deckende Wasserfarben, die aus Gummiarabicum unter Zusatz von Honig, Glyzerin, Zucker, Wachs und Pigmenten hergestellt werden. Es geht darum, spielerisch zu entdecken, was das jeweilige Material bewirkt. So sind wir in der Lage, eine Farbe nach unseren eigenen Vorstellungen zu entwickeln. Die alten Meister haben es genauso gemacht! Und bereits dieser kleine, sorgfältig zusammengestellte Rohstoffvorrat birgt vielfältige Möglichkeiten: Öl-, Kasein- und Kaseintemperafarben, Eiemulsion oder Eitempera, Gummiarabicum- oder Tragantgummi-Tempera, Aquarell, Gouache, aber auch Pastellstifte, Gummileim und Malkreiden. Lassen wir uns also auf das Abenteuer, Farben selber herzustellen, ein. Es lohnt sich. Die Firmen Kreidezeit, natürlich renovieren und andere im Adressverzeichnis (Seite 139f.) aufgeführte Firmen bieten eine reichhaltige Auswahl an natürlichen Ausgangsprodukten und Rohstoffen.

Der Ökofarbenschrank und der Einkauf von Naturfarben

Wer regelmässig mit Farben zu tun hat, sollte sich vielleicht einen kleinen Ökofarbenschrank in den Keller stellen. Wir stellen uns das wie einen Baukasten vor, in dem sich die zehn bis zwanzig wichtigsten Farbrohstoffe befinden. Daraus wird für den jeweiligen Anwendungsfall das richtige ausgewählt und zusammengemischt. Zusammen mit dem Werkzeug und einigen weiteren Hilfsmitteln hat man so eine kleine Malerwerkstatt im Haus.

Unnötiger Materialaufwand kann vermieden werden, das heisst, es werden immer nur die benötigten Mengen angerührt. Durch den Einsatz frischer Farben entfällt die Konservierungsproblematik. Wassertransporte entfallen von vornherein, und für jeden Anwendungsfall kann die optimale Farbe angerührt werden. Mit etwas Geschick kann hier nicht zuletzt sogar noch viel Geld gespart werden.

Der Ökofarbenschrank

was	wofür
Kreide	Weisspigment und Füllstoff
Porzellanerde	Weisspigment und Füllstoff
Marmormehl	Weisspigment und Füllstoff
Kieselgur	Antiabsetzmittel
Quarzmehl	verkieselungsfördernder Füllstoff
diverse Erdpigmente	zum Einfärben
diverse Mineralpigmente	zum Einfärben
sonstige Pigmente (organische, pflanzliche)	zum Einfärben
Borax	zum Aufschliessen von Kasein
Borsalz	als Holzschutzimprägnierung
Schellack	für Spirituslacke
Leinölfirnis	Ölfarbenbindemittel
Leinölstandöl	für bessere Wetterfestigkeit
Holzölstandöl	für besseren Verlauf und Trocknung
Lackleinöl	für Weisslack
Dammarharz	für Weisslack
Harzöl	zur Lackherstellung
Carnaubawachs	für Hartwachse
Bienenwachs	für Wachspräparate
Balsamterpentinöl	als Verdünnung
Orangenterpene	als Verdünnung
Kaseinpulver	als Quarksubstitut
Kirschgummi, Gummiarabicum	für Papierkleber
Sikkative	als Trockenstoff
Marseiller Seife	als Reinigungsmittel

Nun steht man heute oft vor einem Problem: Wer liefert was? Als die Drogerien noch mit Drogen handelten, war es kein Problem, auch bunte Erden, Farbenöle oder natürliche Verdünnungsmittel zu kaufen. Haushaltschemikalien waren oft offen, aus dem Fass, zu erhalten. Das hat sich heute leider geändert, zudem haben die Produkte Phantasienamen erhalten. Wenn wir uns aber erst einmal mit dem Metier auseinandergesetzt haben, wissen wir immerhin schon einmal, was wir haben möchten. Nun die Frage, wo wir es finden: Die unmittelbarste Quelle ist die Natur, ein Blick in die Umgebung kann, wie beispielsweise beim Kirschgummi, sinnvoll sein. Ausserdem gibt es oft genug Verarbeiter von Naturstoffen, so sind Kreidewerke in ganz Deutschland keine Seltenheit. Das heisst, man kann bei der ersten Verarbeitungsstufe der natürlichen Rohstoffe beginnen; allerdings ist man dort nicht immer sehr hilfsbereit, wenn ein Kunde nur wenige Kilo kaufen möchte. Zum Glück etabliert sich langsam ein spezialisierter Handel, der wieder Naturstoffe anbietet. Da sind einmal die Naturfarbenhersteller selbst zu nennen, von denen beispielsweise die Firma Kreidezeit sich ganz besonders auf den Verkauf von Einzelbestandteilen spezialisiert hat. Im Anhang findet sich eine Liste von Naturfarbenherstellern, bei denen eine Anfrage sicherlich lohnend ist. Gerade wenn eine Reihe verschiedener Rohstoffe gewünscht werden, ist es wenig sinnvoll, auf die Suche nach den ursprünglichen Quellen zu gehen.

Einige Naturfarbenhersteller bieten Bausätze an, bei denen die Mengen der Einzelrohstoffe gleich aufeinander abgestimmt sind. Für den gelegentlichen Einsatz ist das natürlich sehr praktisch. Wer lieber den persönlichen Kontakt und eine zusätzliche Beratung sucht, kann es über den ökologischen Baustoffhandel und den Naturfarbenkleinhandel versuchen, die Adressen findet man in sogenannten alternativen oder grünen Branchenbüchern. Auf Anfrage sind wir natürlich gern bei der Suche behilflich und freuen uns über alle Fragen und Anregungen.

Nützliche Adressen

Naturfarbenhersteller

Es gibt allein in Deutschland über zehn Hersteller, die Naturfarben anbieten. Hinzu kommen immer öfter Ableger der traditionellen, konventionellen Farbenhersteller, die sich dieses Marktsegment nicht entgehen lassen möchten, aber leider oft nur halbherzige und inkonsequente Produkte als Naturfarben verkaufen. Sicher kann man über jedes einzelne Produkt diskutieren, es gibt eben sehr viele Aspekte in diesem Zusammenhang. Wir haben uns entschieden, hier jene Firmen zu nennen, die weder Lösungsmittel aus Mineralöl noch synthetische Pigmente in nennenswerten Mengen einsetzen:

AGLAIA Naturfarben, Farbwerke Beek GmbH
Postfach 81 02 24, D-70 519 Stuttgart
Tel. 0711-726 1003

AURO Pflanzenchemie GmbH
Alte Frankfurterstr. 211, D-38 002 Braunschweig
Tel. 0531-89 50 86

DRITTE HAUT Laden, Adolf Riedel
Alter Fährberg 7, D-24814 Sehestedt
Tel. 04357-1049

HESEDORFER Naturfarben, Schumacher, Kerker
Hirtenweg 50, D-27356 Rotenburg (Wümme)
Tel. 04261-63 888

HOLZWEG Naturfarben GmbH
Altenaerstr. 23, D-58 507 Lüdenscheid
Tel. 02351-26122

KREIDEZEIT Naturfarben GmbH
Hindenburgstr.15, D-311 95 Lamspringe
Tel. 05183-5652, Fax 5653

Bezugsquellen

Bei den oben genannten Naturfarbenherstellern kann man in der Regel viele detaillierte Informationen erhalten. Die Firma Kreidezeit betreibt neben dem üblichen Handel auch einen Versand. Das alternative und verschiedene grüne Branchenbücher nennen ausserdem eine grosse Zahl von ökologischen Baustoffhändlern. Wir nennen hier eine Auswahl jener (nach Postleitzahl sortiert), die nach unserer Kenntnis eine gute Beratung anbieten:

Natur Farben Werkstatt, Anka Böthig
Heinrich-Schutz-Str. 9, D-01277 Dresden
Tel./Fax 0351-3100 909

Bau + Farben Kontor Reudnitz, Thomas Preußler
Feldstr. 18–20, D-04317 Leipzig
Tel. 034168-91 802, Fax -91 803

Biofarben, Hr. Güse
Pariser Str. 51, D-10719 Berlin
Tel. 030-883 22 83, Fax -882 4710

NaturBaustoffe in Berlin
Schlesische Str. 38, D-10997 Berlin
Tel. 030-617 02576, Fax -611 700 9

GAIA, Gaby Wartmann
Dorfstr. 19, D-18461 Zandershagen
Tel./Fax 038322-445

Naturbauhaus, Eike Biallas
Bergstr. 63, D-19055 Schwerin
Tel. 0385-5121 73, Fax -9506 19

Martin Krampfer, KREIDEZEIT-Nord
Tornquiststr. 44, D-20259 Hamburg
Tel. 040-490 87 68, Fax -497 894

Ökohaus
Neuer Weg 21, D-21029 Hamburg
Tel. 040-72 11 251, Fax -721 77 33

Holz + Lehm, Bernd Rübsam-Wassong
Alte Dorfstr. 50, D-21444 Vierhöfen
Tel. 04172-1476, Fax -5915

Ökologischer Baustoffhandel, Christine Baumann
Kriesebyau 6, D-23454 Rieseby
Tel./Fax 04355-1595

Ökohaus Scharbeutz
Seestr. 62, D-23683 Scharbeutz
Tel. 04503-75429, Fax -73 217

Hans Natur Markt
Kappelner Str. 17, D-24392 Süderbrarup
Tel. 046 41-3490, Fax -1240

Natur Technik Team
Kieler Strasse 69, D-24649 Wiemersdorf
Tel. 04192-899 180, Fax 899 183

Natur Bau Meldorf GmbH
Österstr. 57, D-25704 Meldorf
Tel. 04832-5151, Fax -5152

Kunze
Bruchhauser Str. 8, D-27327 Martfeld
Tel. 04255-1464

Pinsel, D. Gaus
Bahnhofstr. 103, D-27711 Osterholz-Scharmbeck
Tel. 04791-98 91 30, Fax -89 91 31

Öko-logische Baustoffe in W M Grabow
Am Rott 1, D-29439 Grabow
Tel. 05864-988 970, Fax 988 977

Kontor für Baubiologie
Hansenerstr. 14, D-29525 Uelzen
Tel. 0581-74 142, Fax -74 744

UmBau, Hasko-Bau
Zur Bettenfederfabrik 1, D-30449 Hannover
Tel. 0511-924 794 10, Fax -924 794 30

KREIDEZEIT Naturfarbenversand
Hindenburgstr. 15–16, D-31195 Lamspringe
Tel. 05183-5651, Fax -5653

Binnen + Buten
Echternweg 6, D-31749 Auetal
Tel. 05752-1784, Fax -9295 52

Luna, Jörg Meyer
Köllerweg 13, D-32825 Blomberg
Tel./Fax 05236-8056

Biohaus GmbH, Hr. Frase
Otto-Stadler-Str. 23, D-33100 Paderborn
Tel. 05251-54 20 46, Fax -57 625

Zellmann & Brodhag GbR
Raiffeisenstr. 2, D-35325 Mücke
Tel. 06400-6922, Fax -6335

Natur Palette
Weißdornweg 28, D-36391 Sinntal-Sannerz
Tel. 06664-9194 70, Fax -71

Raumklima
Albanikirchhof 4–5, D-37073 Göttingen
Tel. 0551-48 73 68, Fax -48 62 15

Naturbaustoffe Hannelore Erfurth
Unter den Weinbergen 6, D-37213 Witzenhausen
Tel. 05542-71 902, Fax -72 552

Fagus Naturbaustoffe
Dorfstr. 20, D-37688 Beverungen
Tel. 05273-35 790, Fax -91

Energie- und Umweltladen GmbH
Linnéstr. 2, D-38106 Braunschweig
Tel. 0531-332 992, Fax -332 900

Heinz Lipka
Am Nordglacis 99, D-46483 Wesel
Tel. 0281-3048213, Fax -30 484

Hartmann Walk, Schultze Schleppinghof
Münsterstr. 59, D-48231 Warendorf
Tel. 02581-2223, Fax -60 307

PS Baustoffe, Priebe & Schulz
Kämperweg 11, D-51674 Wiehl
Tel./Fax 02261-78 540

Lehmbau Tischlerei, E. Linnemannstöns
Gobel v. Drechen Str. 16, D-59069 Hamm
Tel. 023 85-6523, Fax -68991

Klaus Holzberg
Frankfurter Str. 16, D-61137 Schöneck
Tel. 06187-6608, Fax -9101 09

Natur für ihr Haus, Rudolf Haider
Hegelstr.14, D-63762 Grossostheim
Tel. 06026-7202, Fax -64 39

Harry Unger
In der Wasserschöpp 25, D-64646 Heppenheim
Tel. 06252-788 112, Fax -114

Grashoppers, Michael Madenach
Blumenstr. 1, D-66126 Saarbrücken
Tel./Fax 06898-87 215

Ökologie im Saarland
Mettnicher Str. 31, D-66620 Nonnweiler-Primstal
Tel. 06875-93300/01, Fax -93302

Inigo, Geisinger & Veldenz
Eckstr. 14, D-67724 Gehrweiler
Tel. 06302-3874, Fax -7631

PUR Naturbau Rörz GbR
Im Schulfeld 10, D-72290 Loßburg-Schömberg
Tel. 07446-3186, Fax -2548

Clima Zell, Frank Duden
Albert-Schweizer-Weg 5, D-78126 Königsfeld
Tel./Fax 07725-7492

Naturwaren Amann
Haarschwärze 11, D-79845 Bonndorf
Tel./Fax 07703-8228

Bruno Hafner
Alte Poststr. 2, D-88422 Kanzach
Tel. 07582-91319, Fax -913 70

Laden Degen
Gugelstr. 98, D-90459 Nürnberg
Tel. 0911-4315913, Fax -14

Naturfarben rund ums Haus, Dirk Köberlein
Äussere Brucker Str. 51, D-91054 Erlangen
Tel. 09131-469 70

Bauzeit, Karl Hertel
Pfortenklinge 30, D-96184 Rentweindorf
Tel. 09531-43 65, Fax -66

Wohn- und Umweltberater Ständecke
Bergstr. 10, D-97513 Michelau, Stgw.
Tel./Fax 09382-50 62

ÖBZ Hohenlohe, K.-H. Weinisch
Deutschorderstr. 4,
D-97990 Weikersheim-Elpersheim
Tel. 07934-91210, Fax -912 120

Dänemark:
Det gronnehus, Peter Sörensen
Snabegardevej 11, DK-8654 Bryrup/Vrads
Tel. 045-7575-7222, Fax -7102

Holland:
Klussenkunsten, Roland Voppel
Grotestraat 48, NL-7478 Diepenheim
Tel./Fax 0031-547-351 270

Österreich:
Natur und Lehm, Roland Meingast
Weilburgstr. 10/3, A-2500 Baden
Tel. 02252-48 405, Fax -85 232

Schweiz:
natürlich renovieren, Carlo Vagnières Co.
Eglistr. 8, CH-8004 Zürich
Tel. 01-400 08 02, Fax -08 06

Schulungszentren

Folgende Einrichtungen führen regelmässig Veranstaltungen zur Umweltbildung und Umweltschutzdiskussion durch:

A.U.G.E.-Umweltberatungsgesellschaft
Christian-Förster Str. 19, D-20253 Hamburg
Tel. 040-49 82 18, Fax 49 21 38

Energie und Umweltzentrum
D-31832 Springe-Eldagsen
Tel. 05044-97560, Fax 97566

Forschungskreis zur Wiederbelebung alter und ökologisch sinnvoller Handwerkstechnik
Beyesberg 8, D-31196 Sehlem
Tel. 05060-6197

Öko-Zentrum NRW
Sachsenweg 8, D-59073 Hamm
Tel. 02381-30 22 00, Fax 30 220 30

Umweltbildungszentrum Oberschleichach
Pfarrer Baumann Str. 17, D-97514 Oberaurach
Tel. 09529-221, Fax 14 55

Schweiz:
Fachgruppe Farbe und Gestaltung IG Lehm
Eglistrasse 8, CH-8004 Zürich
Tel. 01-401 07 36

Literaturhinweise

Nachfolgend eine Auswahl von Titeln, die auch uns in unserer jahrelangen Forschungsarbeit immer wieder weitergeholfen haben. Wer sich das Farbenanrühren etwas zum Hobby machen möchte sollte auch einmal in alten Warenkunden und technischen Chemielexika stöbern:

Hugo Hillich, Grundzüge der Mal- und Anstrichtechnik, Verlag Julius Hillmann, Berlin 1924

Heinrich Wulf, Farbwarenkunde, Verlagsgesellschaft Rudolf Müller, Köln-Brannsfeld 1954

Kurt Wehlte, Werkstoffe und Techniken der Malerei, Ravensburger Verlagsanstalt, Ravensburg 1990

Konrad Gatz, Lehrbuch des Malerhandwerks, Verlag Hermann Rinn, München 1948

Kurt Schönburg, Gestalten mit Putzmörteln, Verlag für Bauwesen GmbH, Berlin 1991

Fortbildung in Seminaren

Seit der Gründung der Firma Kreidezeit veranstalteten wir über 200 Seminare, in denen wir unser Wissen und unsere Erfahrungen an interessierte Menschen weitergaben. Viele Veranstaltungen fanden an Fachhochschulen, in Architektenkammern, auf Lehmbautagen oder in Maler-Gewerbeschulen statt. Viele Kurse entstehen auch auf private Initiative, indem sich 10 bis 12 Einzelinteressenten an den verschiedensten Orten versammeln. Immer steht der praktische Umgang mit Naturfarben im Vordergrund, Mustertafeln können auch mit nach Hause genommen werden. Für unkonventionelle Ideen ist immer Platz, und ohne Scheu wird mit viel Spaß oft bis in die Nacht weitergearbeitet.

Das **Grundlagenseminar** stellt die Frage «Was ist Farbe und was soll Farbe» an den Anfang. Es werden die Zusammenhänge der Naturfarbenherstellung und ihrer Anwendung geklärt. Dazu gehören auch eine ausgiebige Rohstoffkunde und das Thema Gesundheit, Baubiologie und Bauphysik. Viele Versuche verblüffen durch Einfachheit; Schwerpunkte setzen nicht zuletzt die Teilnehmer.

Die **dekorative, phantasievolle Wandoberflächengestaltung** ist ein eigenes Thema. Es wird mit natürlichen Farben gestalterisch gearbeitet. Das heißt, Lasur- und Schablonierungsarbeiten sowie Wickel-, Tupf- und Wischtechniken stehen im Vordergrund. Außerdem erlernt man das Strukturieren von Marmorfaserputzen.

Das Seminar **Putztechniken** beschäftigt sich vorwiegend mit Kalk- und Lehmputzen. Die unterschiedlichen Kalkarten, das Brennen und Löschen und die Verarbeitung werden erklärt. Der Umgang mit Sumpfkalk, die Freskotechnik und natürlich die Oberflächenbehandlung sind besonders wichtige Themen.

Stuccolustro ist eine schon in der Antike bekannte Technik zur Herstellung edler, glänzender und wie Marmor schimmernder Putze. Glätte- und Spachtelarbeiten werden mit einer von uns entwickelten Stuccolustromasse ausführlich geübt, Mustertafeln stehen als Ergebnis zur Verfügung.

Ein Seminar zur **Holzoberflächenbehandlung** hat Öle und Wachse zum Schwerpunkt. Bauphysikalisch richtige Anstrichaufbauten werden entwickelt, dazu gehört ein wetterfester Ölanstrich. Außerdem beschäftigen wir uns mit Bierlasuren, Harzen und Kaseinleim.

Künstlerseminare bieten ein breites Spektrum der Naturfarbenherstellung. Es werden Ölfarben, Plakafarben, Aquarellfarben, Malkreiden, Stifte, Eitempera, Fixative und diverse Spachtel- und Glättemassen hergestellt.

Estriche auf Basis von Kasein- und Magnesit sind ein neues Arbeitsfeld, in dem wir uns gern gemeinsam versuchen.

Detailliertere Informationen: **Kreidezeit Naturfarben GmbH** in 31195 Lamspringe, Hindenburgstr. 15–16, Telefon 05183-56 51, Fax 56 53

Verzeichnis der Rezepte und Anwendungstips